David J. Bodycombe (born 1973) is a puzzle author and games consultant based in London. In the UK over two million people a day read his puzzles, and internationally his work is syndicated to over 300 newspapers. The British public know him best as the author of popular puzzle columns in publications such as the *Daily Mail, Daily Express, Metro* and *Focus* magazine.

He also consults on many television game shows, including hits such as *The Crystal Maze, The Krypton Factor, The Mole* and *Treasure Hunt*. On BBC Radio 4 he appeared on the quiz *Puzzle Panel* and provided the cryptic clues for *X Marks the Spot*. He's currently the question writer for BBC Four's new lateral thinking quiz, *Only Connect*. He has written and edited over forty books, including *How to Devise a Game Show* and *The Riddles of the Sphinx* – a history of modern puzzles, also published by Penguin.

In 2005 he became a leading author of sudoku puzzles, and he was the first person to have sudokus published in several major territories. As well as the classic 9x9 puzzle, David has pioneered a number of alternative designs which have proved popular with readers all over the world. His games, puzzles and questions also appear in magazines, and on websites, advertising campaigns, board games and interactive television.

He qualified in mathematics from the University of Durham and he currently lives in Surrey with his wife Sofia.

www.labyrinthgames.com

We want to keep publishing the puzzles you most
enjoy and so we would love to hear what you think
about nonograms, cross sums, more complicated
sudoku and any other puzzles. Just drop us a line at:

puzzles@uk.penguingroup.com

THE PENGUIN

SUDOKU
CHALLENGE

VOLUME 1

**365 brand new sudoku for every day of the
year plus the latest addictive Japanese puzzles**

David J. Bodycombe

PENGUIN BOOKS

PENGUIN BOOKS

Published by the Penguin Group

Penguin Books Ltd, 80 Strand, London WC2R 0RL, England

Penguin Group (USA) Inc., 375 Hudson Street, New York, New York 10014, USA

Penguin Group (Canada), 90 Eglinton Avenue East, Suite 700, Toronto, Ontario,
Canada M4P 2Y3 (a division of Pearson Penguin Canada Inc.)

Penguin Ireland, 25 St Stephen's Green, Dublin 2, Ireland
(a division of Penguin Books Ltd)

Penguin Group (Australia), 250 Camberwell Road, Camberwell, Victoria 3124,
Australia (a division of Pearson Australia Group Pty Ltd)

Penguin Books India Pvt Ltd, 11 Community Centre, Panchsheel Park,
New Delhi 110 017, India

Penguin Group (NZ), 67 Apollo Drive, Rosedale, North Shore 0632,
New Zealand (a division of Pearson New Zealand Ltd)

Penguin Books (South Africa) (Pty) Ltd, 24 Sturdee Avenue, Rosebank,
Johannesburg 2196, South Africa

Penguin Books Ltd, Registered Offices: 80 Strand, London WC2R 0RL, England

www.penguin.com

First published 2010

020

Copyright © David J. Bodycombe, 2010
All rights reserved

Set in Futura 9pt
Typeset by Labyrinth Games
Printed in England by Clays Ltd, Elcograf S.p.A.

ISBN: 978-0-140-95835-5

www.greenpenguin.co.uk

1	2	3
4	5	6
7	8	9

SUDOKU

1	2	3
4	5	6
7	8	9

SUDOKU CHALLENGE

BATTERY

WAYFINDER

HOW TO SOLVE
SUDOKU

If you're new to sudoku, welcome to the craze everyone's been talking about. The puzzle consists of 81 squares, some of which are already filled with numbers. The rules are straightforward: every _row_, _column_ and _3x3 box_ (marked by the heavier lines) must contain all the digits from 1 to 9.

Take a look at the example puzzle below. Look at the 3s circled in the top two rows. They are positioned in the first and second 3x3 boxes. Therefore, we know that the 3 that will appear in the third row must lie in one of the final three spaces. There's already a 9 in the first space, leaving two possibilities. Looking down the eighth column, we see that it also has a 3. Therefore, the 3 in the third row must appear in the final space (as illustrated).

Now look at the very bottom-right square (circled). What number could go in there? There's a 1, 4 and 9 in that row already so it can't be that. There's a 2, 3, 5, 6 and 8 in that column. The only possibility we've not mentioned yet is a 7, so the circle must contain a 7. Now see if you can use a similar method to deduce the number that goes in the diamond indicated.

A hint: working systematically (e.g. considering the 1s, then the 2s, 3s, 4s etc.) can be helpful. The puzzles are graded from 1 star (quite easy) to 5 stars (challenging). The harder puzzles will require more logic and technique.

The special 'Challenge' section starting on page 302 contains extra-difficult puzzles.

				7		3		8
5		2			8			
	8		4	6	1			
	9	5					8	
2		8				9		7
	7					4	6	
			8	9	7		5	
			6			2		4
9		6		2				

						7	8	
		9	1		2			
		7		6				
6		2		1				
		1	7		6	2		
				9		1		3
				2		5		
			8		5	9		
	4	8						

			4				9	
		6		5				2
				7	2	3	6	
		2					1	
6	7	9				2	4	3
	5					9		
	2	7	9	4				
8				2		7		
	3				5			

		8	5			6		
	6	7					8	
	1	3			6	4		
			6	1		9		
	7			5			4	
		1		4	9			
		5	8			7	9	
	8					1	6	
		9			7	2		

		6	5	9			1	
						4		
	1		4	6				9
	6			5		2		7
		2		3		1		
1		9		7			6	
7				4	5		8	
		8						
	3			2	9	7		

	8		9	4				3
		6	2			9		
	3			8	1	6		
7	4			1		2		
		1		2			3	7
		4	6	3			9	
		3			2	5		
1				7	8		2	

				4	8			
4						7	5	
	5				7	9		2
			6	8		3	1	
1								6
	2	6		1	9			
9		2	8				6	
	7	5						9
			9	3				

2		7		1			9	
	1				4			
8			5					
1	7		3	8				
	2	5				3	8	
				4	7		1	5
					9			8
			4				3	
	3			5		2		4

	5	1						
		4	1		8			3
	2	3		5		1		
				6		4	7	9
	7		5		2		3	
3	4	6		7				
		7		1		9	4	
1			4		5	3		
						2	1	

2		9		4	8			7
1				9				
	4				1		9	6
	1						4	
7								8
	8						7	
8	5		9				6	
				7				3
3			6	5		7		9

5		1	9		4			
4				6	5			
3	9					8		
	8			4		1		
2		5				4		9
		4		3			5	
		2					6	8
			1	7				2
			8		2	9		4

		8			7		9	
		7	9			8	2	1
				4				
	5		6				8	3
7		6				1		2
3	9				8		7	
				8				
4	1	5			9	6		
	6		1			7		

				1		2		3
	2		7		3			5
			6	2			1	
7			8	6				
	8						9	
				5	9			1
	1			4	7			
8			5		6		7	
9		6		8				

		8			4		2	
3	4			2				6
		2			8	3	1	
	1	3	2					
7								8
					7	1	6	
	8	6	5			7		
4				1			8	5
	9		8			2		

							7	
		9	5	7			4	
		7	4	6	9	2		
		2			7		5	
		8		3		1		
	7		6			8		
	4	8	9	6	7			
	9			1	4	6		
	1							

2				4			1	
	9			8		4		
	8		3					7
4				1		6		
8	1		4		6		9	5
		2		7				8
5					1		6	
		6		2			5	
	7			5				2

				2	4			
					7	9		6
8			9				3	7
		6			1	4	7	
	3						8	
	7	9	6			1		
7	4				5			8
6		3	7					
			4	9				

		4	9			5	6	
1					4			3
	7			5				
	5	8	1					
3		2				7		6
					3	8	4	
				3			9	
7			5					4
	2	1			9	3		

7		8			4			2
9			6	8		5		
2		4					3	
			4	6			5	
	9			1	7			
	7					4		5
		1		3	5			9
6			7			2		3

2		3	7			8		2
1		5	6	3	4		8	9
5	3					3		7
		6	8	6	4		5	
	3			2			9	
				1	9	1	6	
5		2					7	7
5	9		5		7	3		8
6		2			8	5		4

				1		6	8	2
9				6	2	4		
			3				9	
	5	6			9		3	8
4								6
8	9		1			5	4	
	3				4			
		9	5	7				1
5	6	8		9				

				3				9
				8	5			7
		6				8	5	
5	1				2	3		
6	9						2	4
		3	8				1	6
	6	5				1		
1			6	9				
9				2				

			5	3		8	2	
5	8					7		
			1			9		5
						1	5	
2				8				4
	4	3						
9		7			1			
		5					7	2
	6	8		2	4			

				8				2
6			2		5	3		
		4					6	8
4	5		3				8	
				7				
	3				6		9	1
3	9					6		
		5	8		2			3
1				9				

		5	2			6	4	
								8
7			1			2	3	
				6		3	9	
	4		5		9		6	
	2	9		7				
	7	2			3			1
4								
	1	6			5	4		

	5		7					
	9				2		8	6
	8		4			9		1
5				2		8		
8	7						2	4
		4		7				5
9		7			5		4	
2	3		9				7	
					7		6	

9						6		3
4	2				5			
			4	7			5	
7		6		4		5		
	4	9				7	2	
		5		9		4		8
	9			2	7			
			3				9	4
5		3						6

	2	3			9	7		
6	4			8			3	
9		1			7			
		9	2					6
2					4	5		
			8			6		1
	5			6			9	2
		6	9			4	7	

	6		9		3			
			5	4		6		
						9	3	
		6			5	2		4
		5	7		6	8		
9		2	3			5		
	4	8						
		3		6	8			
			2		9		8	

				4				7
			9			8	4	3
				5		9	6	
2			4		5		1	
		7				3		
	3		1		7			9
	5	6		7				
3	9	2			4			
7				1				

6			2				5	
		4	6		3		2	1
		2						
	8	7		2				9
5			9		8			6
9				1		2	8	
						5		
8	6		4		5	9		
	4				1			8

	6					1		4
		1		5		2		
	5				6	3		
	2		6	3				
7			9		5			6
				1	8		2	
		2	7				4	
		5		9		6		
1		4					8	

				4	1		3	
8	1			7			4	
			8	3		1		7
		9						
1	6	8				4	5	3
						8		
2		6		1	9			
	4			6			2	9
	9		3	2				

3							5	6
	5	4	2	7				3
					5			
				9			8	
	9	6	3		8	4	1	
	8			4				
			7					
8				2	4	9	6	
2	4							7

					2	8		7
	6	4					1	
8		5	9			2		
9	4			8				1
3				4			6	8
		2			4	1		5
	1					6	3	
4		9	1					

		5		4	8			
2	9				5			
3	4	8	7	9			1	
						6	9	
6		9				4		7
	5	7						
	1			8	7	3	6	2
			4				5	1
			1	2		8		

1							9	8
6		7			9		3	
	9		1					7
	7				8	3	5	
		9				8		
	6	4	2				7	
7					5		8	
	3		9			5		6
9	1							3

8	6							
			1	2	7			
7		5		8		3		
5			4			8		
3								5
		2			3			9
		4		9		2		7
			3	1	5			
							5	6

		7	1		2			
	8	1		3				
	4			5	6			
						3	8	5
3		9				2		4
4	5	8						
			3	7			5	
				2		4	6	
			9		4	1		

		1			8			
			7		2	5		4
	2	4		5		8	1	
		6	5					2
	8						9	
4					9	1		
	3	8		4		7	6	
6		5	3		1			
			8			3		

5		2		1	8		3	
	9			6			7	8
	3	7	9			2		
		5	4					
9				5				7
					9	1		
		6			1	3	9	
7	2			9			8	
	5		8	2		7		1

	8		2					
5			4				9	6
			3		5	7		2
	3			5				
		5	8		3	9		
				9			2	
2		7	6		1			
1	9				8			4
					4		7	

6		4		3	8	2		
							3	
8			9	6		4		5
					9	7		1
			6		4			
3		9	5					
9		2		7	3			4
	3							
		7	1	9		3		8

			6		7			1
9	7					5		3
		8						
4			8	2		6		7
		5				1		
6		7		1	3			2
						3		
5		2					4	6
1			7		8			

			6		1			
4	9			7				
		3		9				2
6		7		1				
2		9	4		7	6		5
				2		7		3
5				3		2		
				4			3	1
			2		9			

2	6	1		3	4	8		
		3		8		6		
				1	6	5	2	
		5				2		1
7								8
3		8				7		
	8	7	6	4				
		9		2		1		
		2	1	5		9	8	7

				7		5	6	
	1	7	4					
	5					4	1	
9					1	3		6
	7						5	
5		4	8					2
	9	1					2	
					7	8	3	
	4	8		6				

2	3			5		6		
9					6	8		
	4	1			3	9		
		9		8	7			
			3	6		1		
		5	7			3	6	
		4	6					7
		3		2			4	9

		5			8		4	
9					5		8	3
2			3	6				9
						4	1	
3								8
	8	1						
8				4	1			6
4	7		9					5
	2		5			8		

9	4	7	3					
8					1			
			7	9				5
5		3	1					
	9						6	
					9	4		2
1				8	2			
			6					7
					3	5	1	8

		2			3			
5	4						1	
6	1		7		9		5	
7			9	5		6	3	8
4	3	9		8	7			5
	5		3		2		7	4
	9						8	1
			1			5		

			6				1	5
	3	6	5				9	
	8		1		4			
7				5	3			
		1	4		7	6		
			9	6				8
			2		5		3	
	7				9	5	6	
3	4				6			

6		4		8				2
	2	9			4			1
	3			2		9		
	7		5		1		8	
		5		6			1	
3			8			6	9	
5				9		7		4

		6				7		9
	5						3	
9			6					
	3		7		2	6		5
		5	9		3	2		
1		7	4		6		8	
					1			4
	8						6	
7		4			5			

					7			1
		1		5			6	9
5						3		8
			8				4	7
		5		4		9		
2	4				9			
8		2						3
9	3			1		5		
1			9					

3			4		7	2	
	6		3	8			1	
		4	2					
3	9	5					4	1
1								3
6	4					8	5	9
					9	5		
	7			2	5		3	
	5	6		1			8	

					3	2	4	
3			6					5
1		5	4	2		6		
	7		5					
	4						5	
					9		7	
		9		7	5	8		4
7					6			3
	6	8	3					

			4	8		6		
	2			9	1	5	8	
		1						3
			9			7		1
	3						5	
6		4			5			
5						1		
	1	9	3	6			4	
		3		1	8			

				4		1		8
	9	8			7	5		
							9	7
6			4		3		5	
		9				6		
	7		8		6			2
7	8							
		6	7			3	8	
3		4		5				

			8	2	3			
	8	2				4		
	6		1				2	
9				8				5
	4			7			1	
1				6				8
	9				5		8	
		4				6	7	
			6	3	7			

9	7					8		5
		2	8				9	6
		4						
6	9		7	2				
	4		9		5		1	
				6	3		8	9
						1		
2	8				9	4		
4		3					5	8

1		5	2				7	
		6	7		8	1	4	
		4						9
6		7						
			1		2			
						5		1
5					3			
	6	4	9		1	2		
	3				5	9		4

				3	7			
1		6						
8		3	1					7
	6				5	4	7	
7								1
	4	2	6				3	
9					2	5		4
						7		8
			4	8				

5		8			4	7		
3	9							
							9	1
4				8		1	2	
		1		2		6		
	5	6		1				8
1	4							
							4	9
		7	6			2		5

			2					
3	7			6				2
	6	1			3	8		
						3		4
	3		5		1		6	
7		4						
		3	6			4	5	
9				1			2	8
					4			

5		8	1			7		
9				6				5
	7		5	8				
		5			4		6	
	9	2				1	5	
	8		2			4		
				9	6		2	
1				2				7
		3			1	6		8

2					4	5		
3	5			8	9			
4	1			6	3			9
					1	6		
				3				
		2	9					
7			3	4			2	8
			7	9			6	4
		3	8					5

		7					9	
		1	4	5				2
		2				1	3	
			1	8			4	6
			3		2			
9	5			4	6			
	8	6				5		
1				7	4	2		
	2					7		

		3		1		7		5
		6			7			
7	2		6					8
5		4		3		6		
		1		7		5		4
3					6		4	9
			7			2		
4		5		2		8		

						4		7
	1			5		3		
3				2				
9	8			3				1
6			7		8			2
7				1			6	8
				7				3
		4		6			1	
2		5						

	2	7						
4		5	9		6	7		3
1			8	2		4		
2	7	6		3				1
8				9		6	3	7
		2		8	4			9
5		4	6		9	8		2
						3	4	

	7			9		2	6	
2		9				5		
			3	6		8		
	8			4				
1		2				9		7
				2			5	
		5		3	4			
		3				4		2
	4	7		8			9	

	2				5			
5					7			2
	4				1	9		
		3				6	2	
6			2	5	9			1
	1	8				4		
		7	6				4	
1			4					6
			5				8	

5				3		2	8	
			1					
8		9		6				
	4			7				6
		7				8		
2				4			1	
				1		6		3
					2			
	9	3		8				4

		8	4		1			7
3				5	2	8		
						1		
	3				7		6	2
4								1
6	7		8				3	
		3						
		9	2	7				8
1			5		9	4		

5	4			2	1		9	3
		6						
2	1	9	4					8
			6	1				
6			2		3			5
				7	4			
4					9	7	8	1
						2		
1	6		7	5			4	9

4			6			7	1	
				3	4			6
	2	7	5			4		
						8	6	
		4				9		
	8	1						
		5			6	1	8	
7			4	8				
	9	8			5			7

		7					1	
		4			7	3	5	
	3	8		6	2	7		
5	7			1				
				2			6	1
		5	2	9		4	7	
	8	3	4			1		
	2							

	6		3		7			2
			4	2	6		3	
						6		4
	1	3						5
9				5				3
6						2	4	
3		7						
	2		5	7	1			
1			2		9		7	

			1					5
	5		6			2	8	
7			8				6	
	7		9	5				1
8								2
3				8	1		5	
	8				4			6
	3	2			8		4	
4					2			

	6	8			2	9		1
7			6		3	2		
	3				1		8	
				1				2
4								8
1				3				
	2		7				1	
		7	3		6			4
3		6	1			8	7	

			5	3		8		
	8	6					9	
							5	2
	6	2		1		3		5
1				8				6
9		8		6		1	4	
8	7							
	2					4	6	
		1		9	4			

6		2		3		7	9	
	1		8	6	9			
	3				7			5
	5	7				9	3	
8			2				7	
			9	1	5		6	
	7	6		8		2		1

9		3	4				7	2
				2	9		1	
4								
2		5	3	7				4
3				1	5	7		6
								9
	6		1	3				
1	4				7	2		5

2					4			6
		5		8		4		
9			6			8		1
6	8			5				
				1			9	8
5		4			1			2
		9		4		1		
7			5					4

1						4	5	9
		2					6	
9	4				8			1
	9		7		4	5		
			3		2			
		4	1		6		9	
6			4				8	7
	2					9		
4	5	7						3

				9	4		6	
			6		3	8	9	7
6							1	
9						7	8	1
	5						3	
4	8	7						9
	9							2
8	2	6	5		7			
	1		9	3				

		3			8	1		9
5			1	9		6	2	
			5					7
2		6	8		1			
1								2
			3		2	9		6
3					5			
	4	8		1	7			5
7		2	6			4		

2			7					
8				2		1		
			8			3	9	
		2	3		4		5	
	8			7			4	
	5		6		8	2		
	2	6			7			
		3		5				1
					2			4

				9				8
		7	3		4		1	
2	3						5	
	9					3		5
	1	8				7	2	
7		3					8	
	2						9	6
	8		6		2	1		
1				3				

				9		5		3
	1		2				4	
	9			5	8		1	6
				2	1			4
1	5		4		9		6	8
4			3	8				
5	3		9	1			8	
	8				7		3	
9		7		3				

								6
9	5	4		1				
			3			2	5	
	3		7				4	5
		8	1		6	9		
5	6				9		2	
	4	6			3			
				6		4	3	2
8								

	3			7	4			
				3		4		7
			8			3	9	1
		3	5				2	4
7	4				2	5		
6	9	5			8			
3		2		9				
			1	2			6	

	3		5					
7	8					1		
1					6		3	
		6		2				
	4		6	3	7		9	
				4		7		
	2		3					7
		9					5	4
					8		1	

1	5							
	8			2	1		3	
9			3	4				1
		7	1			4		
8								2
		9			8	5		
6				1	4			7
	9		5	7			8	
							4	9

				9	7			2
9	7				2		8	6
1					8			
	6		2				5	
4		3				1		7
	2				4		6	
			6					3
6	4		3				7	1
3			7	2				

					7	8		
						4	9	2
8			1	4		3		6
9							8	3
6			5		3			4
7	5							9
5		7		2	4			1
4	1	8						
		9	7					

			1					
	3		2	4		9		
1	7					2		6
3				9	6			
	9		7		8		1	
			1	5				3
9		7					6	8
		4		1	9		3	
			5					

6		4						
	5		1	6	2			
		2				6	1	
				3		5	7	
5				8				2
	2	7		4				
	6	5				1		
			3	2	6		9	
						4		8

				2		8	9	
	9				6			
	8	3	5				6	
	3			9	7	1		
		1	4	6			2	
	6				1	9	8	
			9				5	
	1	5		8				

				8		9	7	
	8	5			9		2	3
7	9	6						5
	4							7
			9		3			
3							5	
5						7	4	2
9	7		5			3	1	
	2	8		7				

			1					6
3	7					1	2	
6		1	9				3	
		5		9			4	2
		6				8		
9	1			2		6		
	4				9	2		3
	3	9					1	4
2					4			

	4		8	9				
2					4	1		
	9	5			3			
		1				3	2	
		8	5		1	9		
	6	4				7		
			3			4	6	
		6	4					7
				8	7		9	

				4			7	5
	2				8			6
	9	5				8		
	7		1		4			3
5				6				7
1			8		3		4	
		4				7	5	
6			4				2	
2	3			1				

		3	2			6		
	4			6	8			7
2					3	4	8	
	5	7	4					
		4				5		
					2	7	4	
	1	6	3					5
7			9	1			6	
		2			6	1		

3		7	1				9	
4	8		6	7				
	1		4					
		3			5			1
	5	1				3	2	
9			2			8		
					7		3	
				1	6		4	2
	3				8	1		6

	3				8			
8	4	6	9					
		1			6	7		
4	2		1			8		6
1		5			3		2	9
		7	3			1		
					5	3	7	4
			7				9	

			9		2		
		3		8	9	7	
5				7			
9				6		5	
	4	9		3	6		
	1	4					8
		8					2
4	8	6		1			
	3		7				

	7		6			8		
3							2	
2					3		7	5
1	3	8		9				
				2		1	3	9
8	1		4					2
	6							4
		7			6		9	

6				7	3			
	9						3	7
					5	6		1
	2					8		
	3		9		4		6	
		8					5	
4		7	2					
2	1						7	
			7	3				5

	7		3	5			6	
		6					9	
		3	4				7	
3			6			4	8	
5			7		4			1
	4	9			2			5
	3				1	8		
	9					7		
	1			8	6		4	

9				7			3	
3			4		5		9	
					9	8		2
6		4						
			1		7			
						6		7
8		2	5					
	4		6		3			5
	3			2				9

				9		7		
3		5	8			2	1	
					1			8
	6	9		4	7			
			5	2		1	9	
8			4					
	7	4			8	3		9
		1		5				

	8	7			3			
	6			9			4	
			2	1			5	
8	1						7	9
7	3						1	4
	7			2	5			
	2			4			9	
			9			8	6	

7		5	4				9	
3					5			
4					9	5		3
		3		6		2		
6								5
		2		9		1		
8		7	1					2
			2					6
	6				8	3		4

		5	9	1		4		
	1				3				
	7	4		2				
		6	1					8
8		1	6		5	7		4
7					9	6		
				5		1	6	
			7					3
		2		4	1	5		

							6	
		1	8					4
7			6		5		1	9
		9		1			8	
3		2				6		5
	6			9		2		
8	3		9		4			7
1					2	3		
	5							

								6
			2		7	1	4	
5	3	4			8	2		
6			9				1	
3			1		2			4
	2				4			8
		6	7			8	2	3
	9	2	3		5			
1								

4		3			1	2		
		8				4		1
			2		6			
7	8	1					5	
	5					6	2	7
			6		8			
5		7				8		
		9	7			3		6

		7			6			
	8	5	2	1				
4	2		3					
				3	1			2
9	5		6		2		1	8
2			9	4				
					5		7	3
				9	3	2	5	
			7			9		

	7				1			5
1		9		2				
5	3	4		9				7
2	9							
		6	2		4	7		
							2	3
7				4		8	6	9
				7		4		2
4			5				7	

			9	6	1			
6		1				7		
		5	2					
	6		3					9
1		2		9		5		7
4					2		6	
					3	2		
		3				4		1
			1	7	4			

		4				6		
1		6					7	
	8		6			4	1	
4		7	2		8			
3			4		7			1
			9		6	7		4
	3	8			9		4	
	5					8		6
		9				1		

4	7				5		3	
		2						5
		3			9	6		7
			2		1		7	8
1	2		3		6			
3		7	1			9		
8						1		
	6		9				8	3

	5		4	2		3		
	9		6					8
								7
	6			3	2			
		1		6		8		
			8	4			6	
1								
3					4		2	
		6		8	7		3	

	4	8		5		6	7	
	1					9		3
					3	4		
5	3				7		4	
	9		8		2		1	
	8		4				2	9
		4	3					
7		9					3	
	5	3		4		1	6	

					9	1		
6		3		1				
	9		2	7	3	6		
9	8						6	
			6		5			
	1						7	3
		5	1	9	2		8	
				5		2		1
		7	4					

1		6			8	3		
3					7			
					6	1	8	9
	8				2			
2	7		1		4		5	8
			7				1	
9	1	7	8					
			6					1
		3	2			8		5

	6			3				
			2			6		8
	5	9		8	6			
				2	8	4		
5	8						6	7
		4	9	6				
			3	1		8	9	
3		8			2			
				5			3	

			9	3	8		4	
			7			2		1
	5			1			8	
9							5	8
			4		9			
2	8							3
	9			6			7	
5		6			7			
	1		8	2	4			

5						9	4	
		7						
2			9			1	3	8
9		5	3		2			
		4	6		9	3		
			7		4	8		9
1	8	9			7			6
						7		
	6	3						1

								3
				3	8	1	7	
9			1			8		
7	9				5		8	
		4	7		6	9		
	8		9				6	7
		7			2			4
	1	3	8	6				
6								

	9				8		6	
6		8				3		
7				6				8
				4	6			9
8			3		5			6
3			1	9				
5				2				3
		6				7		4
	4		5				1	

	1	9						2
				5	3			1
	5		6		2			
8		2				5	3	
1								8
	6	4				2		9
			3		5		2	
9			2	4				
4						8	9	

			8					2
	5		9					7
	4				2	6		
6	9		5		3			
		5				8		
			4		7		5	3
		9	7				3	
1					5		4	
5					1			

3							7	2
4		1	3	2		5		9
					5	1		
6	7	3					1	
	8					4	6	5
		7	4					
2		6		5	9	7		4
5	4							1

	4							
	3	5	6		7	2		
7		9			1	8		
1			4				5	
	8	3				9	7	
	9				3			1
		4	8			6		5
		8	1		9	7	3	
							8	

5	4		6		3			
			5				8	
8		3		4		7		
2				5				8
		6		2		9		
7				1				2
		8		9		5		6
	2				7			
			8		5		7	3

7			9		2		1	3
	1	4			5			
				1			7	
	4	7				6		
1	3						2	4
		5				8	3	
	8			5				
			6			3	4	
5	7		2		4			8

	6	7		3				
5				8				
8	4		6		5			
7					3		6	9
		5				7		
1	9		7					4
			9		1		5	2
				4				1
				2		4	8	

			4		2			5
			1	5	6	4	2	7
			9				3	
2		6				3		
		5				7		
		3				5		9
	1				7			
6	2	8	3	4	5			
5			6		1			

4						1	8	
6	3	2	5		8			
				2				
	8					5	2	4
		3				8		
2	7	1					3	
				6				
			2		5	7	6	9
	6	9						5

1					8	9		
	6	4				7		8
		8					4	
		9		2	7			
	7		5		6		9	
			3	8		2		
	3					4		
4		1				5	6	
		5	1					3

		8				6		7
6							5	9
	7	4					1	
		5		6	7		2	
	2		3	1		4		
	1					2	3	
5	9							8
2		3				5		

5	9				2		1	
8	1			5				3
		6			3		5	
9					5	6		
		8	7					4
	8		1			5		
3				2			4	9
	4		5				7	2

	3		8	9				
	2				5		4	9
	5		4		2			
		1	2			3	8	
2			6		3			4
	9	3			4	2		
			9		8		2	
9	8		5				7	
				3	7		9	

				8		1		7
		1	7					6
						8	2	3
	2	8			4	3		
1			2		9			4
		7	6			2	9	
8	1	4						
3					7	5		
7		9		6				

		5	6			3		
					7			5
			9	4			2	
	4	8						
7			2		6			4
						8	3	
	5			1	4			
3			5					
		9			2	6		

		6	5		3	2		
8	3				1		9	5
5		9	2			4		
			6		4			
		4			7	8		1
4	9		3				6	8
		7	4		9	5		

		9						
6		7		4	5			
	1		3	2				
4	7		5				3	
3								9
	2				3		8	6
				7	4		9	
			2	5		7		1
						6		

2		4	6	9	8			
7			5					
6	8	5						
			9	7		2	8	
3								6
	5	2		6	3			
						3	7	1
					4			5
			8	3	6	9		4

6	3				5	8		7
1					9			
			4	3				
	9			7		1		4
2		4		5			7	
				6	1			
			7					9
3		5	8				2	1

			5	3			8	
3			8					
	5	6		4	7	2		
		1				9	2	
	7						6	
	6	3				7		
		9	7	8		4	1	
					9			7
	4			6	3			

							6	
2	5			3		1	7	
			8	2	4			
3					8		2	
		6				7		
	8		5					3
			1	5	3			
	9	5		4			3	2
	7							

1					6			7
9		8		5		1	6	
			1			9		
6					7	2		
				2				
		7	5					9
		9			4			
	8	5		9		3		4
4			3					6

		7						
	9			8		1	4		
4		6		3		9		
8				9	7	2	3	
	7						6	
	9	3	2	4				1
		8		7		1		2
		2	3		8			5
						6		

9						5		
		1				2		3
	8				7			
2				7	4		1	
3			2	9	8			7
	7		3	1				2
			6				4	
7		8				6		
		2						9

						7		
	6		2	5			1	
	3		7	4			8	6
6	1		9					
2			4		5			8
					6		9	3
3	5			9	4		7	
	7			6	2		5	
		1						

1						5	3	2
	8		1					9
6					9			
9	2		6	4				
				1	7		5	8
			2					5
7					6		9	
5	4	9						6

7	9				4			
2	4	3			8			
	5			7				
	2	9	1		5			
3								1
			3		7	2	9	
				9			5	
			6			9	3	7
			7				8	4

						7		
4		6	9	8		1		5
		5	4	6				9
				3			1	7
		2				3		
1	5			7				
2				4	5	9		
8		7		1	9	2		4
		4						

			9	6		7	2	
	6						8	3
			8			1	4	
2		9	1				3	
	4				2	5		8
	3	8			7			
4	7						1	
	2	6		9	4			

		2	9				7	5
	9	6				4		
5				3				
6					2			
	7	9	1		6	8	2	
			3					1
				7				2
		4				1	8	
9	5				3	7		

						2	9	
5	1		2					
		7			6		8	5
6				5	3		2	
9								1
	7		9	1				8
4	8		6			9		
					9		5	4
	3	9						

		5		2			4	
3	1							7
9					4			
1			2		6			
		8	4		3	2		
			9		1			4
			8					5
5							6	2
	9			3		7		

9			2			1		4
6					5		3	
			7			9	8	
			8	5				
5		4	3		9	8		7
				7	2			
	5	7			3			
	9		5					3
4		2			8			1

				7	6			1
8						5		
6	9	1						7
		2	3	6	9			
	6						5	
			7	1	5	6		
7						8	1	4
		4						2
1			2	9				

	4							
2					1	3		
	8	1	6		9			
	9			5	3	7		4
		4				8		
5		3	4	8			6	
			7		8	4	1	
		6	9					5
							3	

	6						7	1
	8				3	2	4	
1			6			9		
				5	9			4
		3	8		4	7		
5			7	3				
		8			1			7
	3	6	4				9	
4	7						2	

	2		7			9		
		3						5
	9				6		4	
1		9				6		
		5	3		4	2		
		7				8		3
	8		4				2	
3						4		
		2			5		9	

	5		4	2				
9		2			5		4	8
3				1				
4	8	3					2	
2								7
	7					8	9	4
				3				1
7	2		5			9		6
				6	4		8	

			8					3
6	9			7	4		5	
		5						
8	6		3			5		2
	5		6		7		1	
4		9			2		3	8
						2		
	1		9	2			4	6
5					8			

	8	2	9					3
5				7				
7	4	1			8	2		
	1		6					
		4	1		7	8		
					9		1	
		7	4			5	3	2
				2				8
1					3	6	4	

3		9				7
			6	5	9	
	5			2		3
	7		9		1	
	9	1	7	8	3	
	1		5		4	
7		6			5	
	8	5	3			
9				7		4

			5					
	3			6		4		8
	2					3	6	
		7		1	6		4	
		3				2		
	4		2	9		7		
	5	9					7	
3		6		5			1	
					1			

			5		7	4		6
				1			7	5
			6		8	1		
	3	9			1		2	
7								1
	6		8			3	5	
		3	9		5			
8	2			3				
6		7	2		4			

	4	1			6	9	8	
7			9					
8		6		5				
4		5						
9	6			8			7	4
						5		9
				3		2		5
					4			6
	2	7	6			4	1	

7								
				1		3	9	6
1		9		3				5
2	6		7	9				
8								7
				5	3		6	9
9				2		7		4
3	1	2		7				
								1

	6	9		7				
	5			6				3
2					1	4		7
8	7							
		4				3		
							7	1
7		8	3					2
5				2			9	
				1		8	3	

2			8				7	
	6		7		9			
				4	2		1	6
		4				6		1
	7						5	
6		8				2		
8	9		5	2				
			1		7		8	
	1				3			2

	6			1	5	7	8	
		5		7				
	9	8			6		5	
		1		8		3	6	
	4						2	
	8	2		5		9		
	1		2			6	7	
				6		4		
	7	6	5	3			9	

			3	5		2		
8	4			2				6
	5				4		9	8
							4	
4		6		3		1		2
	9							
6	1		8				5	
5				9			2	3
		4		6	5			

						4		9
	1				9	7	2	
	7	8	2			3		
	5			3			1	
		4				6		
	2			8			3	
		1			2	8	6	
	8	5	6				7	
3		6						

	4	3						
1			7					4
2				4	3			8
		6	1	7				
		9	3		4	1		
				5	2	9		
6			2	8				7
9					7			5
						8	6	

				7		9		6
	3						4	
	9		3			1		
5	4	2			7			
		7				3		
			1			7	9	5
		1			4		6	
	8						5	
2		6		8				

					6			8
		5		9	8	3	4	
	8						5	6
		8		4	2	6		
5								2
		3	9	5		8		
7	5						8	
	3	1	7	2		4		
4			1					

					8	1	9	6
4			9	7				
				1				
	4	5						9
1	9	2				8	7	3
3						6	5	
				5				
				2	4			7
2	8	7	1					

8			7	1	3			9
		4				8	7	3
1			6			9		
2			3		8			6
		9			7			2
7	5	6				1		
9			2	7	6			4

		9		3			5	
	6		9		1			
	1							3
		6	8					1
8				9				5
7					3	2		
1							6	
			5		4		1	
	3			8		4		

			6	7	4	3		
				5				7
	7				9		2	
7	4					1		
		5	9		7	6		
		8					7	5
	3		5				1	
9				2				
		7	4	8	1			

		5		8		1	3	
	9							4
	8		1		5	7		
5			3		9		4	
	1		6		2		9	
	3		4		8			6
		3	5		1		7	
2							1	
	7	9		4		6		

	1				8	5		6
5		6				8	1	
	8						7	
				3	2		5	4
				6				
2	6		7	1				
	5						4	
	2	3				7		9
8		7	9				6	

1		4		8	2		5	
	2			7		1		
9							6	
	9				5			
	3	8				4	1	
			7				2	
	5							1
		1		2			7	
	6		3	4		5		2

			2	3		7	6	
	7	4		6		1		
	1			8	3		4	6
2	6		4	7			3	
		9		1		8	5	
	3	7		9	8			

7	5				3			1
				9			3	
3				2	4			7
	2		9	8				
6		1				4		9
				4	7		5	
2			4	7				5
	9			1				
1			3				9	6

7				3	1			5
9	2			5			3	
1		5					2	
	1				6	5		9
6		7	9				4	
	4					3		7
	7			9			8	1
3			6	7				4

	5		1	4				
		8	3	7	9			
4					8			9
	6	1						7
	7	9				5	6	
5						9	2	
7			8					3
			7	5	6	1		
				1	3		7	

1				7	6		2	5
	7		3		2	6	1	
3				2				9
		6				2		
5				6				4
	3	7	6		8		5	
4	6		1	3				2

6		5					4	
	2	8						7
				6		1		
	5		9	4				3
8								1
4				5	6		9	
		4		1				
2						9	7	
	3					5		6

4	6	8		5	1			
			6				1	
				9				8
		6					5	4
7	4						8	3
9	5					7		
5				6				
	7				5			
			3	1		8	9	5

		4						9
		2	1		3			4
9	1					8		
					2	4	8	5
		1	5		6	9		
2	5	8	7					
		9					4	3
8			6		1	5		
1						6		

	6					7	8	
9			7		8		3	5
	7			6	4			
				7	2	9	4	
	9	2	5	3				
			4	1			2	
6	8		2		7			9
	2	9					5	

7			1	9			5	
		5			8			2
		3						9
8		4			3			6
6			9			3		5
3						8		
9			5			6		
	7			6	9			1

			6		8			
	8	4	5					7
7					1		5	
					2	5		
1	4	6				9	7	2
		5	9					
	9		8					1
5					3	6	8	
			1		7			

		6			9		2	
	8							
					2	3	6	5
9	4		7					
	2		1		4		7	
					5		3	2
7	3	1	5					
							8	
	5		9			7		

		6		4	7			9
	1		6	9	5			3
	5			2				4
		3					7	8
		8				4		
7	4					1		
6				3			4	
3			8	1	6		9	
2			9	7		3		

1			6		5	7		
	4	5	3				6	1
		3				8		
				3	6			
8								7
			1	2				
		9				1		
5	8				1	4	7	
		6	5		4			2

					8			
5	9			2		3		
						2		6
	8		9		1		4	
3		9				5		2
	4		5		2		9	
1		8						
		7		1			5	8
			4					

				5				
9	7	6		2			8	
1					3		6	
		4						7
7	3						5	4
5						9		
	9		4					8
	2			1		3	4	9
				9				

					2	7		
	5	2					6	1
4			6					
8	2				1	3	7	
			5		6			
	9	1	7				8	4
					5			9
2	7					1	3	
		9	2					

7					3	1		8
	8	3				7	5	
			8	4			2	9
			3		6		8	
	6		2		1			
6	2			7	8			
	9	7				5	4	
3		4	9					2

6							8	1
					5	2		
		4	7	2				5
	6	3	1					8
	8		5		4		2	
2					7	1	9	
1				8	9	4		
		8	4					
4	3							9

8	3							
9						8		
		6	7	3				4
3			9	5				
7	4						6	3
				7	3			9
4				9	1	7		
		1						2
							9	5

					7		5	6
	6			1		3		
9						7		
		6	5	2			4	
5								2
	4			3	9	6		
		3						8
		5		7			3	
8	1		4					

6	1		2				5	
				5			6	
		5	9	6		2	1	
7						5		
	4			1			8	
		8						3
	8	3		9	7	6		
	9			2				
	2				5		3	9

4				3		6		
		8	2					1
6		9		5		3		4
9					3	7		
2			1		5			9
		7	4					2
1		2		6		9		3
3					2	8		
		4		9				6

2	4			7			8	1
			4		6		2	9
			8		7	1	3	
		3		2		8		
	7	8	6		5			
6	8		9		1			
3	9			4			7	6

		1		6	5	4	8	
			3					9
4				8	7	2	3	
	6					8		3
3		4					1	
	2	3	5	4				6
6					8			
	4	5	1	2		3		

	2		9	6	5			
					7			
		9	2	3		4		5
8	4					1		
2		5				7		3
		7					9	4
7		1		8	4	9		
			1					
			3	7	9		1	

	7			3	8			
			4				6	9
4						2		
	2	4				8		
8	5						9	4
		3				1	2	
		7						1
2	6				5			
			3	9			8	

7			9		2			
6				1	7	2	4	
		3	6					1
3						5		
	2	4		6		7	3	
		8						2
8					6	3		
	7	6	1	3				5
			2		8			7

	2		6	3		5		7
					8	9		3
		5		1				
	4							1
			3		2			
6							8	
				7		8		
8		9	2					
5		1		4	3		6	

	3				4			8
			5	6				
					7		9	4
	1	8				2		5
			7		6			
6		3				9	1	
9	7		8					
				2	3			
3			6				5	

2	8	9			7			
1			2			8	5	3
		6			1			
	4							
	2	5				3	1	
							8	
			1			5		
6	5	7			8			1
			7			9	2	8

			4			8	6	
1		9			6			2
8				5				
		3	2					
6		1				7		8
					8	3		
				4				3
4			3			5		1
	3	8			9			

					6			
7	6		4		8	5		1
		8	1			4		2
3			8			6		7
		6				2		
4		1			9			5
2		4			1	8		
9		7	5		2		4	6
			9					

5	4							
			8	6			5	
		3		7		9		6
		1		8			9	
	5		9		6		3	
	9			4		1		
4		5		2		3		
	1			9	8			
							8	2

		4	3				9	
		7	5	1		8		3
3					6	2	1	
						5		
7	4			8			6	1
		6						
	7	2	6					8
6		8		5	1	4		
	1				8	7		

3				7				
			6			8	4	
	8	6	2					3
	2	1				9		8
9								5
6		8				1	3	
8					9	5	1	
	1	9			4			
			1					7

			8	9	4			
	2	3						
		1			3			
		4	2		5			6
3								9
8			9		1	4		
			4			9		
						6	8	
			3	7	9			

		7	8			2		
				3	7			1
1			5		6	8		7
			9			3		4
		6				5		
9		3			2			
5		1	2		3			8
2			1	9				
		8			5	7		

6		3		9	8			
8		1	6			4	3	2
							9	
		6			4			1
				5				
4			2			8		
	7							
2	6	8			3	9		7
			7	2		1		4

	9	7			8	1		
	4	2	7	3				
				4	1			2
	5	1				4		
7								1
		4				9	2	
8			4	6				
				8	2	7	5	
		9	1			8	4	

					7		3	
	9	7	1		4			
	5			8		9		
		5					8	
		6	7	2	9	5		
	3					1		
		2		6			5	
			2		1	4	9	
	6		4					

			7		9	6		
				4		2	5	
5		2			3		8	
	2	8		9				
4							3	
			5		8	7		
2		6			1		7	
1	4		6					
	3	7		1				

5					2			
				3			4	
	8	3	7		4			
	5		8			7	6	
	6	2	3		5	4	1	
	4	7			6		9	
			4		3	9	8	
	7			8				
			6					4

			7					
4				8	3	9		
		7				6	4	
6	3		9			8	5	
			6		1			
	9	5			4		6	7
	7	6				1		
		1	4	6				9
					8			

		7		9				
9		5			1			
	6	2			3			
4			2		5		8	
2				6				1
	7		1		8			4
			3			4	7	
			4			1		2
				5		9		

	6	2			3	1		7
4	9							
						4	2	
	7				5			
		5	6		1	9		
			7				4	
	3	7						
							8	2
8		9	2			6	3	

7		9	2					
4	2	6			8			
		5		9		6	3	1
		7		5		4		
6	9	4		1		8		
			9			3	2	4
					1	5		7

	5			7	3		1	
	8	7			2			9
			8		5	2		
7	2						9	5
			5		6			
5	1						3	4
		1	4		9			
9			7			4	8	
	4		6	3			7	

7	4					6		
	1	2					4	
8			2				3	
			3	1				
9		5		7		2		8
				2	5			
	7				1			3
	8					5	6	
		9					2	1

4		3			1		7	
	2		3					5
		7						8
	8		1		4			
9			8		3			1
			6		5		3	
6						7		
8					6		4	
	4		2			1		6

7		3					8	
					4	6		
	8	5						9
	3				9			
5	4	2				7	9	3
			3				5	
8						3	7	
		9	2					
	7					9		6

	1	5					6	
		4	3		2		8	5
7		3	5					
								9
	6	2	7		4	8	5	
5								
					8	5		7
1	5		4		7	9		
	4					6	1	

8		5			2		1	9
9					4			
2	1				8			
4		6		9			8	
	8						6	
	9			3		7		2
			2				3	6
			6					5
6	5		1			2		4

			9				6	
		9	7	5				2
					4	9		
	5			8		4	2	
4		2				3		1
	7	3		1			9	
		4	5					
5				9	3	6		
	8				1			

6			1			5	9	
	8	2						
				9	7			6
7					5		2	
	4	5				1	6	
	2		9					3
1			8	2				
						9	1	
	9	3			1			8

					4		5	
	3					9		
8		7	2		5			3
					3	1		
1	8						6	9
		5	9					
6			8		7	3		4
		1					2	
	7		3					

	5	4			8			
		9		1		5	4	7
							2	
6					7			
1	4			8			3	6
			2					1
	1							
9	8	7		6		2		
			9			8	7	

			6	7			4	3
	6					2		
	8		2					
		2		9	7	3		8
8	9						2	4
3		6	4	8		5		
					1		7	
		4					5	
2	7			6	5			

	5		9	2				
	2			1		7		
8			5		6	3		
						9	1	8
4								2
9	7	5						
		6	8		1			4
		2		3			9	
				9	7		6	

		9				1		
	1	5		4			3	6
			5			4		
8			2		6			7
				7				
6			9		5			8
		2			3			
5	8			2		9	1	
		7				5		

8				4		7		
					9		1	
				7	8		6	4
5	7	6				2		3
4		3				6	5	9
3	4		5	2				
	5		9					
		9		3				7

			6			9		8
		7		5		6		
8						1		2
		3	9			4	1	
	4						8	
	1	8			3	5		
4		1						7
		6		4		8		
5		9		2				

	3	5	9		4			
		6			8	5		7
	7			5				8
					1	3		6
3								9
9		7	3					
7				2			5	
2		1	7			9		
			4		9	7	1	

			7	8		1		2
	4			6				
	5	7	1	2		4		
			9			7	8	
4								1
	6	5			8			
		2		5	1	9	4	
				9			1	
5		9		3	6			

3		4			9			
	2	7	3	6			4	
6						3		
	8		5	9				2
				1				
7				4	8		5	
		8						5
	6			5	4	1	7	
			6			4		9

		1					5	9
	2		9		6			
			5		4	3		
	3					5		
	1	6	2		3	7	4	
		2					6	
		7	8		2			
			6		7		1	
6	4					2		

7	6			9				
7	6			9				
		9	3		8	2		
		8	7		4			
5			4					2
		1				5		
2					6			4
			1		7	9		
		7	9		3	4		
				4			8	7

	2	3			7		1	
1				3		5		7
	7	8		4	1			
		4					3	
		9				1		
	8					4		
			3	2		8	6	
8		2		9				4
	5		7			3	2	

3				7	6			
	1	6		4		5		
					2	6		
1	5		8					3
			9		1			
8					7		5	4
		2	6					
		8		2		3	1	
			7	9				8

2		5	1					
		3			2			8
	8			6			7	
1	7				5	6		
		6	8				3	4
	5			1			6	
6			9			8		
					3	2		1

			9		5	2	7	
		3	7					6
			6				8	
		5				7	3	
7			8		9			2
	2	1				5		
	1				8			
2					6	8		
	4	8	2		3			

	1							
					2	1		9
9	4						7	
8	6		1	3			9	
		5	2		6	4		
	2			9	4		1	5
	7						4	8
4		6	3					
							5	

		8	1			4	3	5
		6			2			
5			8	3				
					8		7	
8	1		7	6	4		9	2
	6		9					
				8	5			1
			3			2		
2	5	7			1	3		

6		1	5					
							1	4
9			3		4			
	9		1		3	4	8	
		5				3		
	1	4	9		2		5	
			6		9			8
8	7							
					1	7		5

8		7			2			6
							1	
	1	2	7	3				9
		4						8
		8	2		4	1		
3						7		
6				4	7	9	2	
	3							
7			9			8		1

	7		8			3		2
					9	7		
					5	9	1	
		4		8				9
	2	8				5	6	
6				5		2		
	8	7	1					
		5	9					
4		1			6		2	

	5				9			
9								8
		6				2	1	
		3	9		6	4	5	
				2				
	9	7	4		3	6		
	6	5				9		
2								6
			7				8	

7			1		6			4
		5						
6	3				8	1	7	
5		3	2			4		
	7						8	
		9			1	6		7
	2	1	8				4	3
						8		
3			7		9			1

7							4	
			2		3			6
		1		4		9		8
1		8	3					
		3	6		8	4		
					5	6		3
4		7		9		2		
8			4		2			
	9							4

4				3			5	
								9
6				4	1	2		7
						8	1	
		8	3		7	5		
	9	4						
3		2	1	9				8
1								
	6			8				5

	4	2						
		6		7	8		2	
8			4		2			
7			6			4	5	
4		8				9		2
	9	5			4			7
			2		3			1
	1		7	5		2		
						3	7	

			2			9		5
				4				6
7				9		1		4
		2	4		1		9	
				6				
	5		9		2	4		
4		1		2				7
6				1				
5		7			3			

	1			5	8		2	
2			7	1		6		
9		6						
1					6	5	3	
		2				4		
	3	8	5					9
						2		5
		3		7	5			6
	9		1	4			7	

1								4
	8	3	2			7		
		2		9				5
			1		4			2
	6						3	
5			8		3			
2				1		4		
		4			8	9	6	
6								8

8		1	7				3	4
	6			2	1			
	2		4					
3	4	8						
				5				
						6	8	1
					8		9	
			2	7			1	
2	3				5	4		8

6				1				
3	7		4					
9			2		6			
5		7		4		8		
8	9						2	4
		6		8		5		3
			7		1			8
					5		3	2
				3				5

		4		6			9	1
	1				8		5	
9								3
4			6		9			2
	2						8	
8			4		2			5
1								8
	4		3				1	
6	5			4		7		

			2	5		9	8	
			4		3		6	
				7			4	2
3		2					9	8
5		1				2		4
4	9					1		6
9	7			1				
	5		8		2			
	4	3		9	7			

4					5		3	
		7	3					4
						5	8	1
	7					8		
	1	3	9		8	7	5	
		4					1	
3	6	8						
5					1	2		
	2		6					8

			6				3	5
7					8			2
9			2	3			7	
	3				6	1		7
				4				
1		6	5				8	
	5			8	2			1
3			4					9
2	7				9			

3			4		1	7	9	
	7				3			2
4	2							
			2					3
	3		1	4	5		2	
5					6			
							7	9
7			3				8	
	9	4	8		2			1

	2							
					5	4	3	
5		6		3	2			8
	3		5	9	6			4
7			1	2	8		9	
8			2	7		6		3
	6	1	8					
							2	

			5	4	6		2	
4			9	3		6	1	
						8		
5		7		6	2			
		9				3		
			7	9		5		2
		1						
	7	4		8	9			5
	9		1	7	3			

4		3		6	5			
1					2	5		
	2			4	8			
5		4				1	6	2
8	7	2				3		9
			4	9			1	
		6	8					5
			5	1		6		7

		5			6			
6			7				1	
			9		3		5	
7	1						9	
		2		4		3		
	8						6	1
	3		6		5			
	2				1			9
			8			2		

9			4	7	1		3	
		1			3			
	5							
5		6		1				4
2								7
4				2		3		9
							7	
		2				1		
	9		3	4	6			2

		7	2					
					6			
8			3				4	1
	7	1		2		4		
	2						3	
		5		7		8	6	
1	4				5			3
			6					
					9	6		

			5	1		8	4	
1					2			
	6	5			7			1
		8		6		1	7	4
6	1	7		9		5		
5			1			9	8	
			8					6
	9	2		7	5			

	5		8					
	2					5	3	
1		8	7		5			
6				7	9		5	
3								1
	7		5	3				6
			1		8	3		7
	1	2					4	
					2		1	

			1			8		6
	6	1						7
8		7		6				
1	8		3		5	7		
		5		2		6		
		2	6		7		5	1
				1		3		9
7						5	6	
9		3			6			

			4		1		2	
1				2				
			6					9
	1		8			4		5
		4		9		8		
3		5			2		1	
9					7			
				8				1
	6		5		9			

★★★★☆

		9		2	4			
2	7							
4	8				5			
					9	8		6
	5	8				3	4	
7		2	8					
			6				9	7
							2	8
			4	9		5		

5		8						
3		4		9			8	5
					6			3
	9		1			5		
	1	5	2		3	9	6	
		6			5		2	
7			5					
9	4			8		7		2
						3		8

			2	6			1	9
	3				5			4
		2		9				
	8	3	9				5	
	1		7		6		4	
	7				3	9	6	
				3		4		
7			5				3	
3	6			1	2			

	9			7	2		5	
		5		9		4	8	
3		2		1		8		5
		9				3		
8		1		4		2		7
	3	7		8		5		
	6		3	5			4	

								1
		2		1	6	3		7
			8		7		4	9
	7		1					
	5	1	6		9	8	7	
					4		3	
5	2		9		1			
8		4	2	7		9		
1								

	8	9		4			6	
4	6							1
			8			5		
7	2		5		6			
	9						3	
			1		9		2	5
		8			7			
6							7	8
	1			2		6	5	

1	2	3
4	5	6
7	8	9

SUDOKU

1	2	3
4	5	6
7	8	9

SUDOKU CHALLENGE

BATTERY

WAYFINDER

CHALLENGE PUZZLE 1

				9			2	7
6				3	8			1
		5	2					8
	6			5			1	
			1		7			
	1			2			5	
9					3	8		
7			5	8				2
8	4			7				

This puzzle requires advanced logical deduction
or forward planning to solve it.

CHALLENGE PUZZLE 2

				6		1	4	
9			1				6	
7		6				3		2
4				5	9			
			7		2			
			3	4				5
6		9				8		4
	5				8			3
	3	4		2				

This puzzle requires advanced logical deduction
or forward planning to solve it.

CHALLENGE PUZZLE 3

8			7					6
				6	3	5		2
	1						7	
	6	8					5	
		7		4		8		
	5					4	3	
	7						9	
2		6	4	3				
3					9			4

This puzzle requires advanced logical deduction
or forward planning to solve it.

CHALLENGE PUZZLE 4

	9	6	8					7
			9				5	4
		1				9		
				9		5	8	
	8		7	1	5		6	
	6	5		8				
		7				1		
1	3				6			
6					8	7	2	

This puzzle requires advanced logical deduction
or forward planning to solve it.

CHALLENGE PUZZLE 5

			4					
	8	9				4		5
				8	1			7
9		8		7			1	
	3		2		8		5	
	7			3		6		8
8			9	4				
7		3				5	2	
					7			

This puzzle requires advanced logical deduction
or forward planning to solve it.

CHALLENGE PUZZLE 6

9	3				4			
	4	5		9		8		
7					8	6	9	
2		6						
			8		1			
						2		5
	2	9	5					8
		7		4		1	5	
			7				4	2

This puzzle requires advanced logical deduction
or forward planning to solve it.

CHALLENGE PUZZLE 7

			4				2	6
		7		1			8	
			7	3			9	
	9		3			5		2
1								3
2		3			5		4	
	5			4	3			
	1			9		2		
8	2				1			

This puzzle requires advanced logical deduction
or forward planning to solve it.

CHALLENGE PUZZLE 8

5	6		7					
		7					4	
8		1			9		7	
1					7			
		4	9		8	3		
			2					9
	3		8			5		7
	5					4		
					3		8	6

This puzzle requires advanced logical deduction
or forward planning to solve it.

CHALLENGE PUZZLE 9

7					8			
	3					9	2	
	5	1				8		3
			5	7		3		1
			9		3			
2		3		4	1			
4		6				2	7	
	9	2					3	
			2					9

This puzzle requires advanced logical deduction
or forward planning to solve it.

CHALLENGE PUZZLE 10

7			1			3		
		8			6			2
	1					4		5
	7	6	3		2			
		1		4		6		
			6		1	5	2	
9		7					6	
3			2			7		
		2			7			8

This puzzle requires advanced logical deduction
or forward planning to solve it.

CHALLENGE PUZZLE 11

4		9	1	2		8		3
8	2					9		1
					9			
				6		4		
3	5						1	8
		4		1				
			7					
5		1					4	7
9		3		4	1	2		6

This puzzle requires advanced logical deduction
or forward planning to solve it.

CHALLENGE PUZZLE 12

4					1	3	5	
			2	5				
5					3	8		7
			8	1	9	6	7	
	6	7	5	4	2			
7		2	9					5
				8	5			
	4	5	1					8

This puzzle requires advanced logical deduction
or forward planning to solve it.

CHALLENGE PUZZLE 13

				3	4			7
					1	6	9	
			7				4	8
6	3				7	8		
		7	2				3	1
8	1			9				
	5	3	4					
2			5	6				

This puzzle requires advanced logical deduction
or forward planning to solve it.

CHALLENGE PUZZLE 14

8							1	
3		1	8	9			6	2
		6		1				
			3			7		
	4			7			3	
		7			6			
				6		3		
9	2			3	7	4		6
	6							5

This puzzle requires advanced logical deduction
or forward planning to solve it.

CHALLENGE PUZZLE 15

		8		1	2			
		9		5			6	
	4		6			9	7	
	3	2				7		
8								9
		6				2	4	
	9	3			5		2	
	5			6		4		
			4	2		1		

This puzzle requires advanced logical deduction
or forward planning to solve it.

CHALLENGE PUZZLE 16

8		5	2	9		7	4	
		1		3		8		
							2	
	5				4			8
	9						6	
7			9				3	
	8							
		9		7		3		
	7	2		4	8	5		1

This puzzle requires advanced logical deduction
or forward planning to solve it.

CHALLENGE PUZZLE 17

8					2	6		
	3			8				
	9					8		4
	1	2	3	5				
	7						1	
				9	6	2	3	
7		3					8	
				7			5	
		8	4					9

This puzzle requires advanced logical deduction
or forward planning to solve it.

CHALLENGE PUZZLE 18

			1	3				8
	1	7				6		
9		3						4
7			8				4	2
	3		4		2		6	
2	4				7			3
3						5		6
		5				4	9	
6				8	5			

This puzzle requires advanced logical deduction
or forward planning to solve it.

CHALLENGE PUZZLE 19

	4				5			9
		5		6			1	
		6	4				2	
				9			3	4
		3		7		8		
2	8			4				
	6				7	2		
	3			5		9		
8			1				6	

This puzzle requires advanced logical deduction
or forward planning to solve it.

CHALLENGE PUZZLE 20

		1		2		4	5	
	5	6			3			
	8				4			
	4			3				6
1								7
9				1			4	
			7				3	
			6			1	7	
	1	8		9		6		

This puzzle requires advanced logical deduction
or forward planning to solve it.

CHALLENGE PUZZLE 21

			3					
					8	5	6	9
6		4		9				
		1			4		5	
7	6			8			9	4
	3		9			6		
				7		4		3
3	9	7	8					
					2			

This puzzle requires advanced logical deduction
or forward planning to solve it.

CHALLENGE PUZZLE 22

				2	6			
4		2	9					
8	6		7				9	
2		6			9	8		
3	8						5	9
		4	5			1		3
	2				1		6	5
					2	7		4
			6	7				

This puzzle requires advanced logical deduction
or forward planning to solve it.

CHALLENGE PUZZLE 23

6		1			4		7	
					8	3		5
9			5				4	6
					6			
2		3				1		4
			2					
1	9				5			2
8		2	9					
	6		4			9		7

This puzzle requires advanced logical deduction
or forward planning to solve it.

CHALLENGE PUZZLE 24

7		5	2	6				
2		3			4			
	1		8			2		
					8	6		3
	6						5	
4		9	3					
		4			2		3	
			5			8		1
				8	7	4		2

This puzzle requires advanced logical deduction
or forward planning to solve it.

CHALLENGE PUZZLE 25

1					3	5	9	
		6			7	1		
	9			5				
6					4		2	3
		2				9		
9	4		2					1
				7			5	
		9	4			2		
	3	7	5					4

This puzzle requires advanced logical deduction
or forward planning to solve it.

CHALLENGE PUZZLE 26

1				4				
	7			5	3			1
		8	6	9		4		
		7			8		1	
	1		2		7		5	
	6		9			3		
		1		2	6	8		
9			1	8			4	
				7				3

This puzzle requires advanced logical deduction
or forward planning to solve it.

CHALLENGE PUZZLE 27

			2		4			
	6		7	9			3	1
		9		1	3	2	5	
	7							
	2	4				7	6	
							2	
	5	7	9	6		1		
1	3			5	7		9	
			3		1			

This puzzle requires advanced logical deduction
or forward planning to solve it.

CHALLENGE PUZZLE 28

1		7	2		8			
		9			6			
8	4			5				
		4	9				6	3
	6						9	
3	9				7	4		
				9			8	2
			8			1		
			3		2	9		5

This puzzle requires advanced logical deduction
or forward planning to solve it.

CHALLENGE PUZZLE 29

			5					
4					9	6		3
				8		4	5	
7	9		8			3		
		5				1		
		2			6		8	9
	4	6		1				
9		3	7					8
					3			

This puzzle requires advanced logical deduction
or forward planning to solve it.

CHALLENGE PUZZLE 30

9		4			1		2	
		3		6			9	
		8			7			
				1		8		4
	1						6	
6		5		4				
			6			5		
	5			9		6		
	9		8			4		3

This puzzle requires advanced logical deduction
or forward planning to solve it.

CHALLENGE PUZZLE 31

			4			5		
		3		8	2			
9		2		5				
		8	2		4		9	
7		9				1		4
	1		6		7	8		
				4		7		9
			5	7		2		
		7			1			

This puzzle requires advanced logical deduction
or forward planning to solve it.

CHALLENGE PUZZLE 32

5			7	3	8	2		
	7			6				
		1					5	
4			2	8				
	8						7	
				4	5			9
	3					7		
				5			9	
		8	4	7	3			1

This puzzle requires advanced logical deduction
or forward planning to solve it.

CHALLENGE PUZZLE 33

8			4			6		
	9							
4		2			7	3		9
	3					5		
5				6				1
		7					9	
6		4	9			8		7
							3	
		9			2			6

This puzzle requires advanced logical deduction
or forward planning to solve it.

CHALLENGE PUZZLE 34

		1		4				
	5				3	6		
3			5			9	1	
1			3		2			
	9	2		8		5	3	
			4		9			1
	4	6			5			9
		9	8				6	
				2		3		

This puzzle requires advanced logical deduction
or forward planning to solve it.

CHALLENGE PUZZLE 35

	1						8	
8	9				1			
7		3				1		4
				3	8			2
		8	4		7	9		
3			9	2				
4		6				8		5
			5				1	3
	7						9	

This puzzle requires advanced logical deduction
or forward planning to solve it.

CHALLENGE PUZZLE 36

	4			1		7		
6					4			
			8					3
4		5		3				6
			1		7			
7				5		3		1
1					9			
			6					5
		8		7			6	

This puzzle requires advanced logical deduction
or forward planning to solve it.

CHALLENGE PUZZLE 37

6	4					1	8	
			1		2		3	
7		3		9			5	
				1	6	5		
	2						9	
		6	5	2				
	5			4		9		3
	6		9		1			
	9	8					1	5

This puzzle requires advanced logical deduction
or forward planning to solve it.

CHALLENGE PUZZLE 38

	3	8				4		5
			8				6	
				2	4			1
	7		1		2	5		4
8		5	3		6		1	
3			6	1				
	8				3			
6		4				9	5	

This puzzle requires advanced logical deduction
or forward planning to solve it.

CHALLENGE PUZZLE 39

	5		6					
		8		2				3
3	1			7		5	2	
		2						
	4	3	7		2	8	5	
						4		
	7	4		3			1	9
8				4		2		
					7		8	

This puzzle requires advanced logical deduction
or forward planning to solve it.

CHALLENGE PUZZLE 40

	5						8	7
					5	2		
3	1			2			4	5
	3					8		
9				4				2
		7					1	
2	9			5			3	8
		1	8					
7	8						2	

This puzzle requires advanced logical deduction
or forward planning to solve it.

CHALLENGE PUZZLE 41

3		9			2	1		
	4				6	5		
6			3			2		
			4				5	
	2	4				8	3	
	8				3			
		1			4			5
		6	1				7	
		2	5			3		6

This puzzle requires advanced logical deduction
or forward planning to solve it.

CHALLENGE PUZZLE 42

	2		8					7
				5		9		
8	5		7					
		8			4	3	9	
	7	1		9		4	8	
	9	4	2			7		
					7		3	5
		3		2				
9					1		7	

This puzzle requires advanced logical deduction
or forward planning to solve it.

CHALLENGE PUZZLE 43

	2			9				
6					7			5
	7				4			1
	8	2	5	7		9		
		3		6	1	2	5	
5			7				3	
8			4					7
				5			4	

This puzzle requires advanced logical deduction
or forward planning to solve it.

CHALLENGE PUZZLE 44

	5							
		6	5		3		8	
	9	1			2			3
					1	5		
	6	9	4		8	1	3	
		3	2					
2			9			6	7	
	3		1		6	2		
							1	

This puzzle requires advanced logical deduction
or forward planning to solve it.

CHALLENGE PUZZLE 45

		4	1	9		5		
			4		8			6
8		1	7				2	
	1	6						3
7								2
5						6	4	
	8				4	2		5
4			8		1			
		2		6	5	4		

This puzzle requires advanced logical deduction
or forward planning to solve it.

CHALLENGE PUZZLE 46

5	3		4	6				2
2	1	6			3			
	7							
	6	2			5		1	3
1	5		9			8	2	
							4	
			6			7	8	9
4				5	8		3	1

This puzzle requires advanced logical deduction
or forward planning to solve it.

CHALLENGE PUZZLE 47

	1	3			9			
		5	8					
	9				4		1	2
		6						1
	5	8				7	9	
9						5		
5	2		6				8	
					5	1		
			3			6	2	

This puzzle requires advanced logical deduction
or forward planning to solve it.

CHALLENGE PUZZLE 48

		7				3		
4	9							
				2	1		8	
	3			7	8	4		
	4	9	6		2	8	3	
		6	5	3			1	
	2		3	6				
							2	3
		4				6		

This puzzle requires advanced logical deduction
or forward planning to solve it.

CHALLENGE PUZZLE 49

9			4				5	2
				7				9
5	7				6			
	5		8				9	4
2		4				5		3
1	8				5		6	
			7				4	1
4				2				
7	3				4			5

This puzzle requires advanced logical deduction
or forward planning to solve it.

CHALLENGE PUZZLE 50

9		8	7	2				
	6	7					9	
2				6		8		
	2						1	7
			1		6			
7	8						3	
		2		8				1
	5					3	8	
				1	3	9		6

This puzzle requires advanced logical deduction
or forward planning to solve it.

CHALLENGE PUZZLE 51

1		9			5		3	
	5			2				
				4			8	1
			4			9		
	9		2		8		5	
		6			7			
5	2			3				
				7			1	
	6		8			4		2

This puzzle requires advanced logical deduction
or forward planning to solve it.

CHALLENGE PUZZLE 52

		8	2				4	5
	7		1					9
5		9	3			8		
6		3						7
			8		9			
2						9		4
		6			8	3		1
8					1		2	
1	2				3	4		

This puzzle requires advanced logical deduction
or forward planning to solve it.

CHALLENGE PUZZLE 53

					1	3	2	
3			9			4	6	
		6						5
1	8				4	6		
	4						3	
		2	8				9	4
2						7		
	5	4			3			6
	1	3	7					

This puzzle requires advanced logical deduction
or forward planning to solve it.

CHALLENGE PUZZLE 54

			6			8	2	
			3		1		4	
	3					7		1
		4		5			3	
5								2
	2			7		9		
8		9					7	
	5		8		4			
	6	2			5			

This puzzle requires advanced logical deduction
or forward planning to solve it.

CHALLENGE PUZZLE 55

	6		7		9			
		4				8		
8				4			6	
5						9	8	
	4	6	1		8	5	2	
	8	2						6
	9			7				2
		1				4		
			6		1		5	

This puzzle requires advanced logical deduction
or forward planning to solve it.

CHALLENGE PUZZLE 56

7		1			9			
				8		9	5	
	9				4			
8		5			2	4		9
				6				
1		2	9			6		7
			4				1	
	8	9		2				
			7			2		6

This puzzle requires advanced logical deduction
or forward planning to solve it.

CHALLENGE PUZZLE 57

		2	5					
7			1	6		8		
					3			4
							9	1
6	1	7		9		4	3	8
2	4							
3			8					
		8		7	1			9
					2	1		

This puzzle requires advanced logical deduction
or forward planning to solve it.

CHALLENGE PUZZLE 58

							2	9
8	4			3		1	7	6
9					7	3		
	1			8				
6				1	4			3
				2			6	
		4	9					2
2	5	9		1			4	7
1	6							

This puzzle requires advanced logical deduction
or forward planning to solve it.

CHALLENGE PUZZLE 59

5	4				9			
9	3		2				1	
		8			6		7	
7		3	5					9
4					1	7		3
	9		6			5		
	8				5		9	7
			3				2	8

This puzzle requires advanced logical deduction
or forward planning to solve it.

CHALLENGE PUZZLE 60

	5				3			
	8		4		1			5
9						7	3	
2							8	
	1		8		2		9	
	6							3
	2	5						8
4			6		5		7	
			9				1	

This puzzle requires advanced logical deduction
or forward planning to solve it.

CHALLENGE PUZZLE 61

		9			1		8	
5				4	9			1
		1	2	5				
6				2				
1			5		4			7
				8				3
				1	2	9		
9			7	6				8
	6		4			2		

This puzzle requires advanced logical deduction
or forward planning to solve it.

CHALLENGE PUZZLE 62

	4							
3			8	9				6
7		6		5		8		
		5					1	7
			6	3	7			
2	8					6		
		3		8		9		5
9				6	2			8
							6	

This puzzle requires advanced logical deduction
or forward planning to solve it.

CHALLENGE PUZZLE 63

7	9						8	
5				8				
		3	7		4			
2						6		
	8		3		6		9	
		7						8
			2		3	4		
				5				7
	6						3	9

This puzzle requires advanced logical deduction
or forward planning to solve it.

CHALLENGE PUZZLE 64

				4		2		
7	6						8	
	3	5	2					
3					5			9
	1		4	7	9		3	
5			6					7
					2	8	4	
	7						9	2
		1		6				

This puzzle requires advanced logical deduction
or forward planning to solve it.

CHALLENGE PUZZLE 65

	3	5						
4	9			6				
				3	9		4	
3								8
	4	2	7		8	6	3	
7								9
	7		6	2				
				1			8	2
						3	7	

This puzzle requires advanced logical deduction
or forward planning to solve it.

HOW TO SOLVE
BATTERY

In this cunning, electrifying game, your task is to complete a battery pack with different types of domino-like blocks. You are given the spaces in which to place the blocks, and several numerical clues to help you.

There are two types of playing piece that you can draw into the marked spaces:
 • *Battery:* a 2x1-size block that has a positive (+) pole at one end and a negative (–) pole at the other.
 • *Inert block:* both ends are neutral (neither positive nor negative). These blocks are marked with two crosses and are also 2x1 in size.

To complete the puzzle, the following rules apply:
 • All the spaces must contain either a battery or an inert block. You don't know how many of each type are required.
 • No two poles with the same sign (positive or negative) are immediately adjacent, horizontally or vertically.
 • The numbers in the shaded sections (above and to the left of the grid) denote how many positive poles are in the corresponding rows and columns; similarly for the negative poles in the black section.

A completed example is given below:

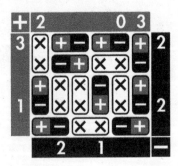

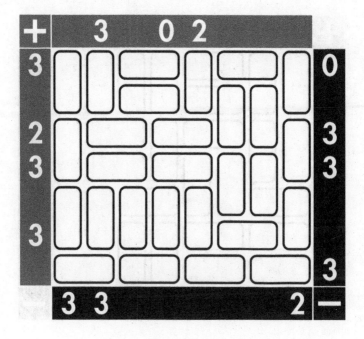

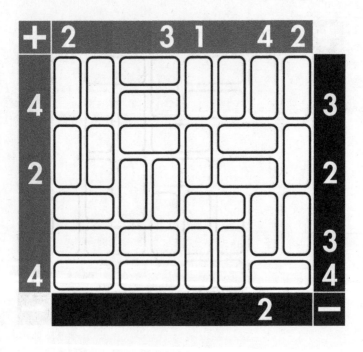

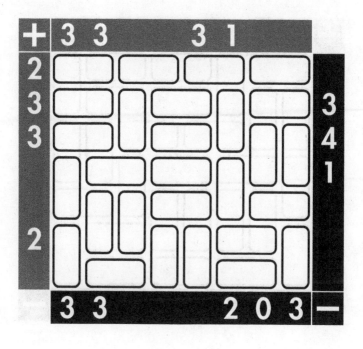

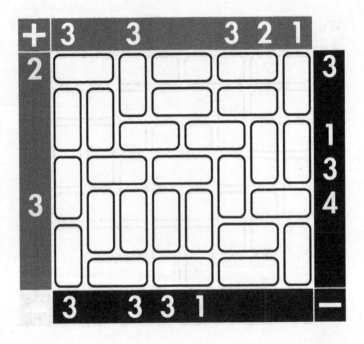

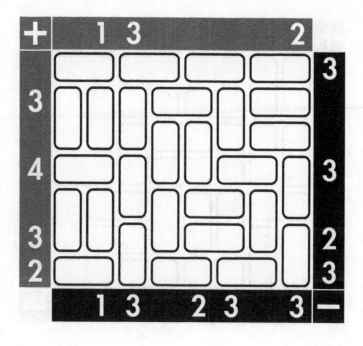

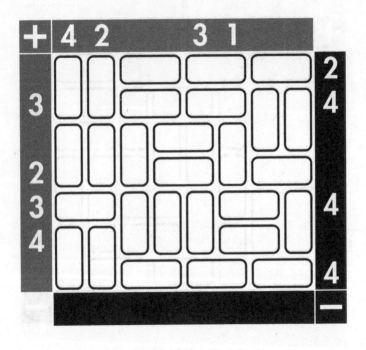

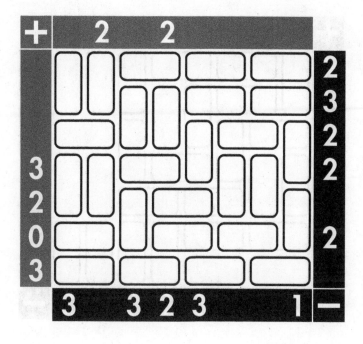

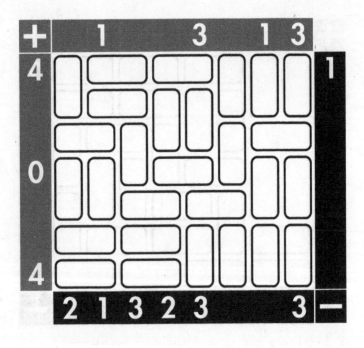

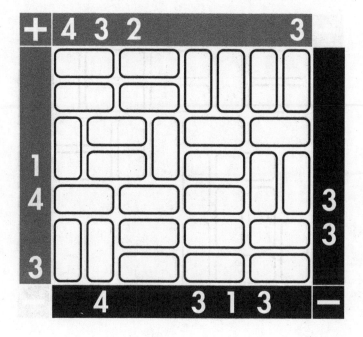

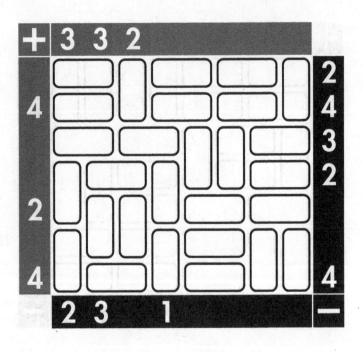

<table>
<tr><td>1</td><td>2</td><td>3</td></tr>
<tr><td>4</td><td>5</td><td>6</td></tr>
<tr><td>7</td><td>8</td><td>9</td></tr>
</table>

SUDOKU

SUDOKU CHALLENGE

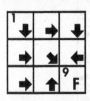

BATTERY

WAYFINDER

HOW TO SOLVE WAYFINDER

Arrows everywhere, but can you find your way out of the maze? Your journey starts on square 1 in the top-left corner. Your goal is square 49 in the bottom-left corner. Along the way, many twists and turns lie ahead.

The rules are as follows:
• Start at square 1. The arrow shows you the direction in which you must travel for the next move. However, the number of squares you move in that direction is up to you.
• You may only visit each square once. To record your visit, mark each square in sequential order (2, 3, 4 etc.) So, when you have finished, all 49 squares will contain a different number.
• As before, continue onto the next square, obeying the arrows but deciding for yourself the distance you travel in that direction.
• Some intermediary waypoints are already filled in and cannot be changed. So, if a square contains the number 17, you must reach this after your 16th square.

You may not be able to deduce a logical route from 1 to 49 straightaway. You can, however, examine smaller sections of the route using the waypoints given. An example of a completed puzzle is given below:

1	36	21	46	28	20	27
2	30	31	33	19	26	25
7	3	29	32	34	43	8
10	6	41	47	35	40	9
12	14	5	38	39	15	13
11	4	44	23	17	16	24
48	37	22	45	18	42	49 F

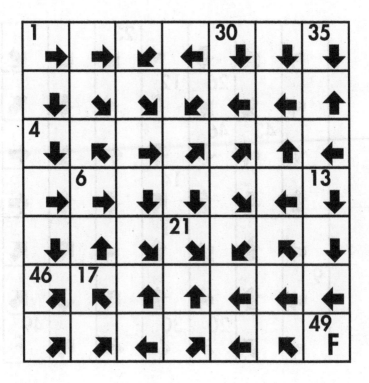

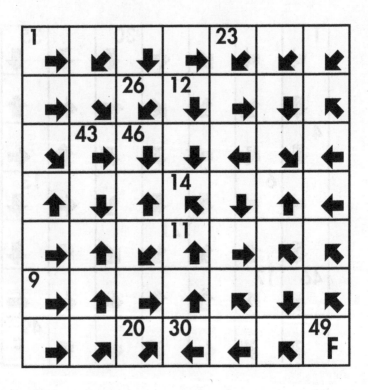

1					20	
	35	45				33
12	14					
		47				24
				16		
					41	49 F

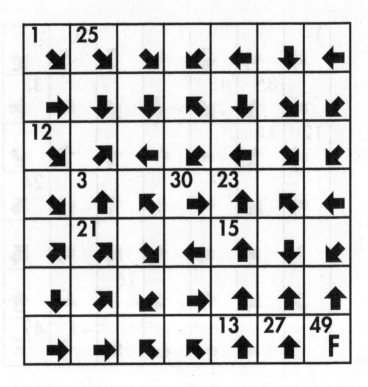

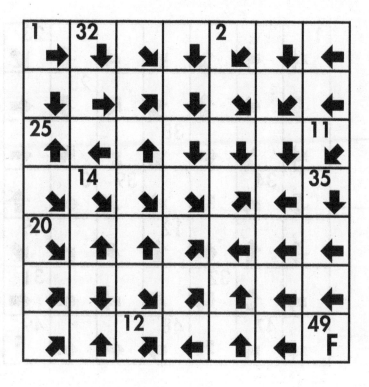

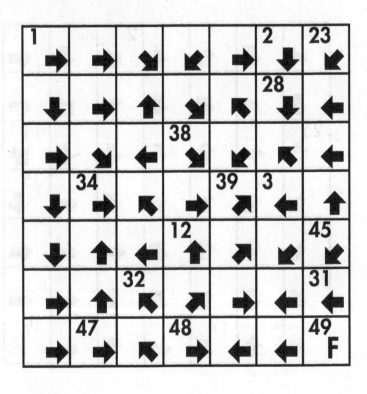

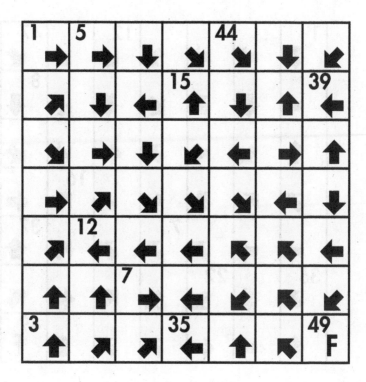

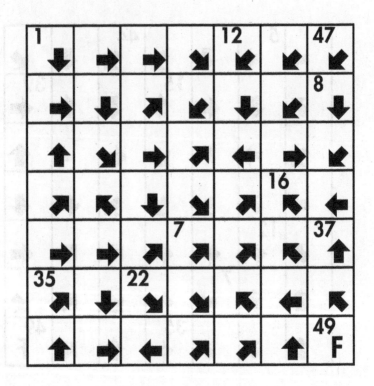

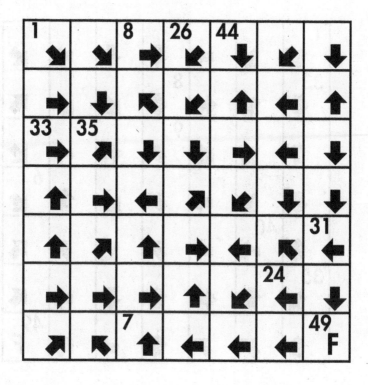

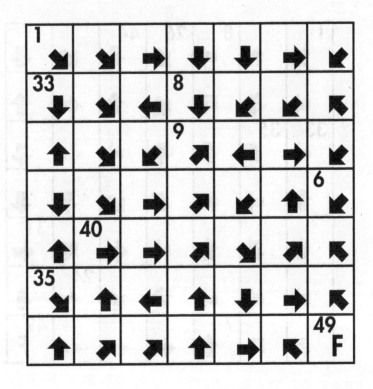

ANSWERS:
SUDOKU

The number beside each answer
refers to the puzzle's page number

p.1

4	6	9	5	7	2	3	1	8
5	1	2	9	3	8	7	4	6
7	8	3	4	6	1	5	2	9
6	9	5	7	4	3	1	8	2
2	4	8	1	5	6	9	3	7
3	7	1	2	8	9	4	6	5
1	2	4	8	9	7	6	5	3
8	3	7	6	1	5	2	9	4
9	5	6	3	2	4	8	7	1

p.2

1	6	4	3	5	9	7	8	2
3	8	9	1	7	2	4	5	6
2	5	7	4	6	8	3	1	9
6	9	2	5	1	3	8	7	4
4	3	1	7	8	6	2	9	5
8	7	5	2	9	4	1	6	3
9	1	3	6	2	7	5	4	8
7	2	6	8	4	5	9	3	1
5	4	8	9	3	1	6	2	7

p.3

2	8	3	4	6	1	5	9	7
7	1	6	3	5	9	4	8	2
4	9	5	8	7	2	3	6	1
3	4	2	6	9	7	8	1	5
6	7	9	5	1	8	2	4	3
1	5	8	2	3	4	9	7	6
5	2	7	9	4	6	1	3	8
8	6	4	1	2	3	7	5	9
9	3	1	7	8	5	6	2	4

p.4

4	9	8	5	7	3	6	1	2
2	6	7	1	9	4	3	8	5
5	1	3	2	8	6	4	7	9
3	5	4	6	1	8	9	2	7
9	7	6	3	5	2	8	4	1
8	2	1	7	4	9	5	3	6
6	4	5	8	2	1	7	9	3
7	8	2	9	3	5	1	6	4
1	3	9	4	6	7	2	5	8

p.5

3	4	6	5	9	7	8	1	2
2	9	5	3	8	1	4	7	6
8	1	7	4	6	2	5	3	9
4	6	3	1	5	8	2	9	7
5	7	2	9	3	6	1	4	8
1	8	9	2	7	4	3	6	5
7	2	1	6	4	5	9	8	3
9	5	8	7	1	3	6	2	4
6	3	4	8	2	9	7	5	1

p.6

2	8	7	9	4	6	1	5	3
4	1	6	2	5	3	9	7	8
5	3	9	7	8	1	6	4	2
7	4	8	3	1	9	2	6	5
3	5	2	8	6	7	4	1	9
9	6	1	5	2	4	8	3	7
8	2	4	6	3	5	7	9	1
6	7	3	1	9	2	5	8	4
1	9	5	4	7	8	3	2	6

p.7

2	9	7	5	4	8	6	3	1
4	6	1	2	9	3	7	5	8
8	5	3	1	6	7	9	4	2
7	4	9	6	8	2	3	1	5
1	3	8	7	5	4	2	9	6
5	2	6	3	1	9	8	7	4
9	1	2	8	7	5	4	6	3
3	7	5	4	2	6	1	8	9
6	8	4	9	3	1	5	2	7

p.8

2	5	7	8	1	6	4	9	3
9	1	3	7	2	4	8	5	6
8	6	4	5	9	3	7	2	1
1	7	6	3	8	5	9	4	2
4	2	5	9	6	1	3	8	7
3	9	8	2	4	7	6	1	5
5	4	2	6	3	9	1	7	8
6	8	1	4	7	2	5	3	9
7	3	9	1	5	8	2	6	4

p.9

7	5	1	6	3	9	8	2	4
6	9	4	1	2	8	7	5	3
8	2	3	7	5	4	1	9	6
2	1	5	8	6	3	4	7	9
9	7	8	5	4	2	6	3	1
3	4	6	9	7	1	5	8	2
5	3	7	2	1	6	9	4	8
1	8	2	4	9	5	3	6	7
4	6	9	3	8	7	2	1	5

p.10

2	6	9	5	4	8	1	3	7
1	7	3	2	9	6	8	5	4
5	4	8	7	3	1	2	9	6
9	1	2	3	8	7	6	4	5
7	3	4	1	6	5	9	2	8
6	8	5	4	2	9	3	7	1
8	5	7	9	1	3	4	6	2
4	9	6	8	7	2	5	1	3
3	2	1	6	5	4	7	8	9

p.11

5	2	1	9	8	4	3	7	6
4	7	8	3	6	5	2	9	1
3	9	6	7	2	1	8	4	5
6	8	7	5	4	9	1	2	3
2	3	5	6	1	7	4	8	9
9	1	4	2	3	8	6	5	7
1	5	2	4	9	3	7	6	8
8	4	9	1	7	6	5	3	2
7	6	3	8	5	2	9	1	4

p.12

6	2	8	5	1	7	3	9	4
5	4	7	9	6	3	8	2	1
1	3	9	8	4	2	5	6	7
2	5	4	6	7	1	9	8	3
7	8	6	3	9	4	1	5	2
3	9	1	2	5	8	4	7	6
9	7	3	4	8	6	2	1	5
4	1	5	7	2	9	6	3	8
8	6	2	1	3	5	7	4	9

p.13

5	9	7	4	1	8	2	6	3
6	2	1	7	9	3	8	4	5
4	3	8	6	2	5	9	1	7
7	5	9	8	6	1	4	3	2
1	8	3	2	7	4	5	9	6
2	6	4	3	5	9	7	8	1
3	1	5	9	4	7	6	2	8
8	4	2	5	3	6	1	7	9
9	7	6	1	8	2	3	5	4

p.14

5	6	8	1	3	4	9	2	7
3	4	1	7	2	9	8	5	6
9	7	2	6	5	8	3	1	4
6	1	3	2	8	5	4	7	9
7	2	9	4	6	1	5	3	8
8	5	4	3	9	7	1	6	2
2	8	6	5	4	3	7	9	1
4	3	7	9	1	2	6	8	5
1	9	5	8	7	6	2	4	3

p.15

6	4	1	3	2	8	5	7	9
2	8	9	5	7	1	3	4	6
5	3	7	4	6	9	2	8	1
9	6	2	1	8	7	4	5	3
4	5	8	9	3	2	1	6	7
1	7	3	6	4	5	8	9	2
3	2	4	8	9	6	7	1	5
7	9	5	2	1	4	6	3	8
8	1	6	7	5	3	9	2	4

p.16

2	6	3	5	4	7	8	1	9
7	9	5	1	8	2	4	3	6
1	8	4	3	6	9	5	2	7
4	5	9	2	1	8	6	7	3
8	1	7	4	3	6	2	9	5
6	3	2	9	7	5	1	4	8
5	2	8	7	9	1	3	6	4
9	4	6	8	2	3	7	5	1
3	7	1	6	5	4	9	8	2

p.17

9	6	7	3	2	4	8	5	1
3	2	5	8	1	7	9	4	6
8	1	4	9	5	6	2	3	7
2	8	6	5	3	1	4	7	9
4	3	1	2	7	9	6	8	5
5	7	9	6	4	8	1	2	3
7	4	2	1	6	5	3	9	8
6	9	3	7	8	2	5	1	4
1	5	8	4	9	3	7	6	2

p.18

8	3	4	9	7	1	5	6	2
1	6	5	2	8	4	9	7	3
2	7	9	3	5	6	4	8	1
6	5	8	1	4	7	2	3	9
3	4	2	8	9	5	7	1	6
9	1	7	6	2	3	8	4	5
5	8	6	4	3	2	1	9	7
7	9	3	5	1	8	6	2	4
4	2	1	7	6	9	3	5	8

p.19

7	6	8	3	5	4	1	9	2
9	1	3	6	8	2	5	7	4
2	5	4	9	7	1	8	3	6
1	3	2	4	6	8	9	5	7
8	4	7	5	9	3	6	2	1
5	9	6	2	1	7	3	4	8
3	7	9	1	2	6	4	8	5
4	2	1	8	3	5	7	6	9
6	8	5	7	4	9	2	1	3

p.20

4	8	3	7	5	1	9	6	2
1	2	9	6	3	4	7	8	5
5	6	7	9	8	2	3	4	1
9	1	6	8	4	5	2	7	3
7	3	5	1	2	6	8	9	4
2	4	8	3	7	9	1	5	6
8	5	2	4	9	3	6	1	7
3	9	1	5	6	7	4	2	8
6	7	4	2	1	8	5	3	9

p.21

3	7	4	9	1	5	6	8	2
9	8	5	7	6	2	4	1	3
6	2	1	3	4	8	7	9	5
7	5	6	4	2	9	1	3	8
4	1	3	8	5	7	9	2	6
8	9	2	1	3	6	5	4	7
1	3	7	6	8	4	2	5	9
2	4	9	5	7	3	8	6	1
5	6	8	2	9	1	3	7	4

p.22

8	5	1	7	3	6	2	4	9
4	2	9	1	8	5	6	3	7
7	3	6	2	4	9	8	5	1
5	1	4	9	6	2	3	7	8
6	9	8	3	1	7	5	2	4
2	7	3	8	5	4	9	1	6
3	6	5	4	7	8	1	9	2
1	4	2	6	9	3	7	8	5
9	8	7	5	2	1	4	6	3

p.23

1	7	4	5	3	9	8	2	6
5	8	9	4	6	2	7	1	3
6	3	2	1	7	8	9	4	5
8	9	6	2	4	3	1	5	7
2	5	1	9	8	7	6	3	4
7	4	3	6	1	5	2	8	9
9	2	7	3	5	1	4	6	8
4	1	5	8	9	6	3	7	2
3	6	8	7	2	4	5	9	1

p.24

5	7	3	6	8	9	1	4	2
6	8	1	2	4	5	3	7	9
9	2	4	1	3	7	5	6	8
4	5	9	3	2	1	7	8	6
2	1	6	9	7	8	4	3	5
8	3	7	4	5	6	2	9	1
3	9	8	5	1	4	6	2	7
7	4	5	8	6	2	9	1	3
1	6	2	7	9	3	8	5	4

p.25

1	8	5	2	3	7	6	4	9
2	6	3	9	5	4	7	1	8
7	9	4	1	8	6	2	3	5
8	5	1	4	6	2	3	9	7
3	4	7	5	1	9	8	6	2
6	2	9	3	7	8	1	5	4
5	7	2	6	4	3	9	8	1
4	3	8	7	9	1	5	2	6
9	1	6	8	2	5	4	7	3

p.26

6	5	1	7	9	8	4	3	2
4	9	3	5	1	2	7	8	6
7	8	2	4	6	3	9	5	1
5	1	6	3	2	4	8	9	7
8	7	9	6	5	1	3	2	4
3	2	4	8	7	9	6	1	5
9	6	7	1	8	5	2	4	3
2	3	5	9	4	6	1	7	8
1	4	8	2	3	7	5	6	9

p.27

9	5	7	1	8	2	6	4	3
4	2	1	6	3	5	9	8	7
3	6	8	4	7	9	1	5	2
7	1	6	2	4	8	5	3	9
8	4	9	5	6	3	7	2	1
2	3	5	7	9	1	4	6	8
6	9	4	8	2	7	3	1	5
1	7	2	3	5	6	8	9	4
5	8	3	9	1	4	2	7	6

p.28

5	2	3	6	1	9	7	8	4
6	4	7	5	8	2	1	3	9
9	8	1	4	3	7	2	6	5
1	7	9	2	5	8	3	4	6
4	3	5	1	7	6	9	2	8
2	6	8	3	9	4	5	1	7
7	9	2	8	4	3	6	5	1
3	5	4	7	6	1	8	9	2
8	1	6	9	2	5	4	7	3

p.29

5	6	7	9	8	3	1	4	2
1	3	9	5	4	2	6	7	8
8	2	4	6	7	1	9	3	5
3	7	6	8	9	5	2	1	4
4	1	5	7	2	6	8	9	3
9	8	2	3	1	4	5	6	7
6	4	8	1	5	7	3	2	9
2	9	3	4	6	8	7	5	1
7	5	1	2	3	9	4	8	6

p.30

9	6	3	8	4	1	5	2	7
5	7	1	9	2	6	8	4	3
8	2	4	7	5	3	9	6	1
2	8	9	4	3	5	7	1	6
6	1	7	2	9	8	3	5	4
4	3	5	1	6	7	2	8	9
1	5	6	3	7	2	4	9	8
3	9	2	6	8	4	1	7	5
7	4	8	5	1	9	6	3	2

p.31

6	1	8	2	4	9	3	5	7
7	9	4	6	5	3	8	2	1
3	5	2	1	8	7	6	9	4
4	8	7	5	2	6	1	3	9
5	2	1	9	3	8	4	7	6
9	3	6	7	1	4	2	8	5
1	7	9	8	6	2	5	4	3
8	6	3	4	7	5	9	1	2
2	4	5	3	9	1	7	6	8

p.32

9	6	3	8	7	2	1	5	4
8	4	1	3	5	9	2	6	7
2	5	7	1	4	6	3	9	8
4	2	9	6	3	7	8	1	5
7	1	8	9	2	5	4	3	6
5	3	6	4	1	8	7	2	9
6	9	2	7	8	1	5	4	3
3	8	5	2	9	4	6	7	1
1	7	4	5	6	3	9	8	2

p.33

6	5	7	9	4	1	2	3	8
8	1	3	6	7	2	9	4	5
9	2	4	8	3	5	1	6	7
5	3	9	4	8	6	7	1	2
1	6	8	2	9	7	4	5	3
4	7	2	1	5	3	8	9	6
2	8	6	5	1	9	3	7	4
3	4	1	7	6	8	5	2	9
7	9	5	3	2	4	6	8	1

p.34

3	2	9	4	8	1	7	5	6
1	5	4	2	7	6	8	9	3
6	7	8	9	3	5	1	2	4
4	1	2	6	9	7	3	8	5
7	9	6	3	5	8	4	1	2
5	8	3	1	4	2	6	7	9
9	6	5	7	1	3	2	4	8
8	3	7	5	2	4	9	6	1
2	4	1	8	6	9	5	3	7

p.35

1	9	3	4	6	2	8	5	7
2	6	4	7	5	8	3	1	9
8	7	5	9	1	3	2	4	6
9	4	6	3	8	7	5	2	1
5	8	1	6	2	9	4	7	3
3	2	7	5	4	1	9	6	8
6	3	2	8	7	4	1	9	5
7	1	8	2	9	5	6	3	4
4	5	9	1	3	6	7	8	2

p.36

1	7	5	6	4	8	2	3	9
2	9	6	3	1	5	7	4	8
3	4	8	7	9	2	5	1	6
4	2	1	8	7	3	6	9	5
6	3	9	2	5	1	4	8	7
8	5	7	9	6	4	1	2	3
9	1	4	5	8	7	3	6	2
7	8	2	4	3	6	9	5	1
5	6	3	1	2	9	8	7	4

p.37

1	4	2	5	3	7	6	9	8
6	8	7	4	2	9	1	3	5
5	9	3	1	8	6	2	4	7
2	7	1	6	9	8	3	5	4
3	5	9	7	4	1	8	6	2
8	6	4	2	5	3	9	7	1
7	2	6	3	1	5	4	8	9
4	3	8	9	7	2	5	1	6
9	1	5	8	6	4	7	2	3

p.38

8	6	1	5	3	4	7	9	2
4	3	9	1	2	7	5	6	8
7	2	5	9	8	6	3	4	1
5	9	7	4	6	1	8	2	3
3	4	8	2	7	9	6	1	5
6	1	2	8	5	3	4	7	9
1	5	4	6	9	8	2	3	7
2	7	6	3	1	5	9	8	4
9	8	3	7	4	2	1	5	6

p.39

5	3	7	1	9	2	8	4	6
6	8	1	4	3	7	5	2	9
9	4	2	8	5	6	7	3	1
2	1	6	7	4	9	3	8	5
3	7	9	6	8	5	2	1	4
4	5	8	2	1	3	6	9	7
1	6	4	3	7	8	9	5	2
7	9	3	5	2	1	4	6	8
8	2	5	9	6	4	1	7	3

p.40

3	5	1	4	6	8	2	7	9
8	6	9	7	1	2	5	3	4
7	2	4	9	5	3	8	1	6
1	9	6	5	3	7	4	8	2
5	8	3	1	2	4	6	9	7
4	7	2	6	8	9	1	5	3
9	3	8	2	4	5	7	6	1
6	4	5	3	7	1	9	2	8
2	1	7	8	9	6	3	4	5

p.41

5	6	2	7	1	8	4	3	9
1	9	4	2	6	3	5	7	8
8	3	7	9	4	5	2	1	6
6	1	5	4	8	7	9	2	3
9	4	3	1	5	2	8	6	7
2	7	8	6	3	9	1	5	4
4	8	6	5	7	1	3	9	2
7	2	1	3	9	4	6	8	5
3	5	9	8	2	6	7	4	1

p.42

7	8	3	2	6	9	1	4	5
5	1	2	4	8	7	3	9	6
4	6	9	3	1	5	7	8	2
9	3	1	7	5	2	4	6	8
6	2	5	8	4	3	9	1	7
8	7	4	1	9	6	5	2	3
2	4	7	6	3	1	8	5	9
1	9	6	5	7	8	2	3	4
3	5	8	9	2	4	6	7	1

p.43

6	5	4	7	3	8	2	1	9
7	9	1	4	5	2	8	3	6
8	2	3	9	6	1	4	7	5
2	4	6	3	8	9	7	5	1
1	7	5	6	2	4	9	8	3
3	8	9	5	1	7	6	4	2
9	1	2	8	7	3	5	6	4
5	3	8	2	4	6	1	9	7
4	6	7	1	9	5	3	2	8

p.44

3	5	4	6	9	7	2	8	1
9	7	1	2	8	4	5	6	3
2	6	8	3	5	1	4	7	9
4	1	3	8	2	5	6	9	7
8	2	5	9	7	6	1	3	4
6	9	7	4	1	3	8	5	2
7	4	9	5	6	2	3	1	8
5	8	2	1	3	9	7	4	6
1	3	6	7	4	8	9	2	5

p.45

7	8	2	6	5	1	3	9	4
4	9	5	3	7	2	1	8	6
1	6	3	8	9	4	5	7	2
6	4	7	5	1	3	9	2	8
2	3	9	4	8	7	6	1	5
8	5	1	9	2	6	7	4	3
5	7	4	1	3	8	2	6	9
9	2	6	7	4	5	8	3	1
3	1	8	2	6	9	4	5	7

p.46

2	6	1	5	3	4	8	7	9
9	5	3	7	8	2	6	1	4
8	7	4	9	1	6	5	2	3
4	9	5	3	7	8	2	6	1
7	1	6	2	9	5	4	3	8
3	2	8	4	6	1	7	9	5
1	8	7	6	4	9	3	5	2
5	3	9	8	2	7	1	4	6
6	4	2	1	5	3	9	8	7

p.47

4	2	9	1	7	8	5	6	3
6	1	7	4	3	5	2	8	9
8	5	3	6	2	9	4	1	7
9	8	2	7	5	1	3	4	6
1	7	6	2	4	3	9	5	8
5	3	4	8	9	6	1	7	2
7	9	1	3	8	4	6	2	5
2	6	5	9	1	7	8	3	4
3	4	8	5	6	2	7	9	1

p.48

2	3	8	9	5	1	6	7	4
9	5	7	2	4	6	8	3	1
6	4	1	8	7	3	9	5	2
3	1	9	5	8	7	4	2	6
5	8	6	4	1	2	7	9	3
4	7	2	3	6	9	1	8	5
1	2	5	7	9	4	3	6	8
8	9	4	6	3	5	2	1	7
7	6	3	1	2	8	5	4	9

p.49

7	3	5	2	9	8	6	4	1
9	6	4	1	7	5	2	8	3
2	1	8	3	6	4	7	5	9
6	9	7	8	5	3	4	1	2
3	4	2	6	1	7	5	9	8
5	8	1	4	2	9	3	6	7
8	5	3	7	4	1	9	2	6
4	7	6	9	8	2	1	3	5
1	2	9	5	3	6	8	7	4

p.50

9	4	7	3	2	5	1	8	6
8	5	2	4	6	1	7	9	3
6	3	1	7	9	8	2	4	5
5	2	3	1	4	6	8	7	9
4	9	8	2	5	7	3	6	1
7	1	6	8	3	9	4	5	2
1	7	9	5	8	2	6	3	4
3	8	5	6	1	4	9	2	7
2	6	4	9	7	3	5	1	8

p.51

9	8	2	5	1	3	7	4	6
5	4	7	8	2	6	3	1	9
6	1	3	7	4	9	8	5	2
7	2	1	9	5	4	6	3	8
8	6	5	2	3	1	4	9	7
4	3	9	6	8	7	1	2	5
1	5	8	3	6	2	9	7	4
3	9	6	4	7	5	2	8	1
2	7	4	1	9	8	5	6	3

p.52

9	2	4	6	3	8	7	1	5
1	3	6	5	7	2	8	9	4
5	8	7	1	9	4	3	2	6
7	6	2	8	5	3	1	4	9
8	9	1	4	2	7	6	5	3
4	5	3	9	6	1	2	7	8
6	1	9	2	8	5	4	3	7
2	7	8	3	4	9	5	6	1
3	4	5	7	1	6	9	8	2

p.53

6	1	4	3	8	9	5	7	2
7	5	3	2	1	6	8	4	9
8	2	9	7	5	4	3	6	1
1	3	6	4	2	8	9	5	7
9	7	2	5	3	1	4	8	6
4	8	5	9	6	7	2	1	3
3	4	1	8	7	2	6	9	5
2	9	7	6	4	5	1	3	8
5	6	8	1	9	3	7	2	4

p.54

4	1	6	8	3	5	7	2	9
2	5	8	1	9	7	4	3	6
9	7	3	6	2	4	1	5	8
8	3	9	7	1	2	6	4	5
6	4	5	9	8	3	2	7	1
1	2	7	4	5	6	9	8	3
3	6	2	5	7	1	8	9	4
5	8	1	2	4	9	3	6	7
7	9	4	3	6	8	5	1	2

p.55

3	9	8	6	2	7	4	5	1
4	2	1	3	5	8	7	6	9
5	7	6	4	9	1	3	2	8
6	1	9	8	3	5	2	4	7
7	8	5	1	4	2	9	3	6
2	4	3	7	6	9	8	1	5
8	6	2	5	7	4	1	9	3
9	3	7	2	1	6	5	8	4
1	5	4	9	8	3	6	7	2

p.56

5	3	1	9	4	6	7	2	8
9	6	2	3	8	7	4	1	5
7	8	4	2	5	1	3	9	6
3	9	5	7	6	8	2	4	1
1	2	8	5	9	4	6	7	3
6	4	7	1	3	2	8	5	9
4	1	3	8	7	9	5	6	2
8	7	9	6	2	5	1	3	4
2	5	6	4	1	3	9	8	7

p.57

6	8	7	9	5	3	2	4	1
3	2	4	6	1	8	7	9	5
1	9	5	4	2	7	6	3	8
9	7	6	5	3	4	1	8	2
8	4	2	7	6	1	3	5	9
5	1	3	2	8	9	4	7	6
2	3	9	1	7	5	8	6	4
7	5	1	8	4	6	9	2	3
4	6	8	3	9	2	5	1	7

p.58

9	7	5	4	8	3	6	1	2
3	2	6	7	9	1	5	8	4
4	8	1	6	5	2	9	7	3
8	5	2	9	3	4	7	6	1
1	3	7	8	2	6	4	5	9
6	9	4	1	7	5	3	2	8
5	6	8	2	4	9	1	3	7
2	1	9	3	6	7	8	4	5
7	4	3	5	1	8	2	9	6

p.59

2	6	7	5	4	9	1	3	8
1	9	8	2	3	7	5	4	6
4	3	5	6	8	1	2	9	7
6	1	2	4	7	3	8	5	9
8	4	9	1	2	5	6	7	3
5	7	3	8	9	6	4	1	2
7	8	1	3	6	4	9	2	5
9	5	6	7	1	2	3	8	4
3	2	4	9	5	8	7	6	1

p.60

4	1	9	8	2	3	5	6	7
5	8	2	7	9	6	4	3	1
7	6	3	1	5	4	8	2	9
9	7	6	3	8	1	2	4	5
2	4	8	5	7	9	3	1	6
1	3	5	4	6	2	7	9	8
6	9	7	2	4	5	1	8	3
3	5	4	9	1	8	6	7	2
8	2	1	6	3	7	9	5	4

p.61

9	7	6	1	3	2	8	4	5
5	1	2	8	7	4	3	9	6
8	3	4	5	9	6	2	7	1
6	9	8	7	2	1	5	3	4
3	4	7	9	8	5	6	1	2
1	2	5	4	6	3	7	8	9
7	5	9	6	4	8	1	2	3
2	8	1	3	5	9	4	6	7
4	6	3	2	1	7	9	5	8

p.62

1	4	5	2	3	9	6	7	8
3	9	6	7	5	8	1	4	2
2	7	8	4	1	6	3	5	9
6	1	7	5	9	4	8	2	3
9	5	3	1	8	2	4	6	7
4	8	2	3	6	7	5	9	1
5	2	9	8	4	3	7	1	6
8	6	4	9	7	1	2	3	5
7	3	1	6	2	5	9	8	4

p.63

4	9	5	2	3	7	1	8	6
1	7	6	9	4	8	3	2	5
8	2	3	1	5	6	9	4	7
3	6	1	8	9	5	4	7	2
7	8	9	3	2	4	6	5	1
5	4	2	6	7	1	8	3	9
9	3	8	7	1	2	5	6	4
2	1	4	5	6	3	7	9	8
6	5	7	4	8	9	2	1	3

p.64

5	1	8	2	9	4	7	6	3
3	9	4	7	6	1	5	8	2
7	6	2	8	3	5	4	9	1
4	3	9	5	8	6	1	2	7
8	7	1	3	2	9	6	5	4
2	5	6	4	1	7	9	3	8
1	4	3	9	5	2	8	7	6
6	2	5	1	7	8	3	4	9
9	8	7	6	4	3	2	1	5

p.65

4	9	8	2	5	7	1	3	6
3	7	5	1	6	8	9	4	2
2	6	1	4	9	3	8	7	5
5	1	6	7	2	9	3	8	4
8	3	9	5	4	1	2	6	7
7	2	4	8	3	6	5	9	1
1	8	3	6	7	2	4	5	9
9	4	7	3	1	5	6	2	8
6	5	2	9	8	4	7	1	3

p.66

5	2	8	1	4	9	7	3	6
9	1	4	3	6	7	2	8	5
3	7	6	5	8	2	9	1	4
7	3	5	9	1	4	8	6	2
4	9	2	6	7	8	1	5	3
6	8	1	2	3	5	4	7	9
8	5	7	4	9	6	3	2	1
1	6	9	8	2	3	5	4	7
2	4	3	7	5	1	6	9	8

p.67

2	8	9	1	7	4	5	3	6
3	5	6	2	8	9	4	7	1
4	1	7	5	6	3	2	8	9
9	3	8	4	2	1	6	5	7
5	7	4	6	3	8	9	1	2
1	6	2	9	5	7	8	4	3
7	9	5	3	4	6	1	2	8
8	2	1	7	9	5	3	6	4
6	4	3	8	1	2	7	9	5

p.68

3	6	7	8	2	1	4	9	5
8	9	1	4	5	3	6	7	2
5	4	2	9	6	7	1	3	8
2	7	3	1	8	5	9	4	6
6	1	4	3	9	2	8	5	7
9	5	8	7	4	6	3	2	1
7	8	6	2	3	9	5	1	4
1	3	5	6	7	4	2	8	9
4	2	9	5	1	8	7	6	3

p.69

8	4	3	9	1	2	7	6	5
1	5	6	8	4	7	3	9	2
7	2	9	6	5	3	4	1	8
5	8	4	1	3	9	6	2	7
2	3	7	4	6	5	9	8	1
9	6	1	2	7	8	5	3	4
3	7	2	5	8	6	1	4	9
6	1	8	7	9	4	2	5	3
4	9	5	3	2	1	8	7	6

p.70

5	2	6	1	8	3	4	9	7
4	1	8	9	5	7	3	2	6
3	9	7	6	2	4	1	8	5
9	8	2	5	3	6	7	4	1
6	5	1	7	4	8	9	3	2
7	4	3	2	1	9	5	6	8
1	6	9	4	7	2	8	5	3
8	7	4	3	6	5	2	1	9
2	3	5	8	9	1	6	7	4

p.71

9	2	7	5	4	3	1	6	8
4	8	5	9	1	6	7	2	3
1	6	3	8	2	7	4	9	5
2	7	6	4	3	8	9	5	1
3	5	9	7	6	1	2	8	4
8	4	1	2	9	5	6	3	7
6	1	2	3	8	4	5	7	9
5	3	4	6	7	9	8	1	2
7	9	8	1	5	2	3	4	6

p.72

3	7	8	4	9	5	2	6	1
2	6	9	8	1	7	5	3	4
4	5	1	3	6	2	8	7	9
5	8	6	7	4	9	1	2	3
1	3	2	6	5	8	9	4	7
7	9	4	1	2	3	6	5	8
8	2	5	9	3	4	7	1	6
9	1	3	5	7	6	4	8	2
6	4	7	2	8	1	3	9	5

p.73

3	2	9	8	6	5	7	1	4
5	8	1	9	4	7	3	6	2
7	4	6	3	2	1	9	5	8
9	5	3	1	8	4	6	2	7
6	7	4	2	5	9	8	3	1
2	1	8	7	3	6	4	9	5
8	9	7	6	1	2	5	4	3
1	3	5	4	9	8	2	7	6
4	6	2	5	7	3	1	8	9

p.74

5	6	1	4	3	9	2	8	7
3	7	4	1	2	8	9	6	5
8	2	9	7	6	5	4	3	1
9	4	8	2	7	1	3	5	6
6	1	7	9	5	3	8	4	2
2	3	5	8	4	6	7	1	9
7	8	2	5	1	4	6	9	3
4	5	6	3	9	2	1	7	8
1	9	3	6	8	7	5	2	4

p.75

2	6	8	4	9	1	3	5	7
3	1	7	6	5	2	8	4	9
9	5	4	7	3	8	1	2	6
8	3	1	9	4	7	5	6	2
4	9	5	3	2	6	7	8	1
6	7	2	8	1	5	9	3	4
7	8	3	1	6	4	2	9	5
5	4	9	2	7	3	6	1	8
1	2	6	5	8	9	4	7	3

p.76

5	4	7	8	2	1	6	9	3
8	3	6	5	9	7	1	2	4
2	1	9	4	3	6	5	7	8
9	8	2	6	1	5	4	3	7
6	7	4	2	8	3	9	1	5
3	5	1	9	7	4	8	6	2
4	2	5	3	6	9	7	8	1
7	9	3	1	4	8	2	5	6
1	6	8	7	5	2	3	4	9

p.77

4	5	3	6	9	2	7	1	8
8	1	9	7	3	4	2	5	6
6	2	7	5	1	8	4	3	9
9	7	2	1	4	3	8	6	5
3	6	4	8	5	7	9	2	1
5	8	1	2	6	9	3	7	4
2	4	5	9	7	6	1	8	3
7	3	6	4	8	1	5	9	2
1	9	8	3	2	5	6	4	7

p.78

7	5	6	3	4	9	8	1	2
2	9	4	1	8	7	3	5	6
1	3	8	5	6	2	7	9	4
5	7	2	6	1	4	9	8	3
8	6	1	9	3	5	2	4	7
3	4	9	7	2	8	5	6	1
6	1	5	2	9	3	4	7	8
9	8	3	4	7	6	1	2	5
4	2	7	8	5	1	6	3	9

p.79

4	6	9	3	1	7	8	5	2
5	8	1	4	2	6	9	3	7
7	3	2	8	9	5	6	1	4
2	1	3	9	6	4	7	8	5
9	4	8	7	5	2	1	6	3
6	7	5	1	8	3	2	4	9
3	9	7	6	4	8	5	2	1
8	2	4	5	7	1	3	9	6
1	5	6	2	3	9	4	7	8

p.80

6	2	8	1	3	9	4	7	5
9	5	1	6	4	7	2	8	3
7	4	3	8	2	5	1	6	9
2	7	4	9	5	6	8	3	1
8	1	5	4	7	3	6	9	2
3	9	6	2	8	1	7	5	4
5	8	9	7	1	4	3	2	6
1	3	2	5	6	8	9	4	7
4	6	7	3	9	2	5	1	8

p.81

5	6	8	4	7	2	9	3	1
7	9	1	6	8	3	2	4	5
2	3	4	9	5	1	7	8	6
6	7	9	8	1	4	3	5	2
4	5	3	2	6	7	1	9	8
1	8	2	5	3	9	4	6	7
9	2	5	7	4	8	6	1	3
8	1	7	3	9	6	5	2	4
3	4	6	1	2	5	8	7	9

p.82

2	9	7	5	3	6	8	1	4
5	8	6	1	4	2	7	9	3
4	1	3	9	7	8	6	5	2
7	6	2	4	1	9	3	8	5
1	4	5	7	8	3	9	2	6
9	3	8	2	6	5	1	4	7
8	7	4	6	2	1	5	3	9
3	2	9	8	5	7	4	6	1
6	5	1	3	9	4	2	7	8

p.83

3	9	8	4	7	2	5	1	6
6	4	2	5	3	1	7	9	8
7	1	5	8	6	9	4	2	3
2	3	4	1	9	7	6	8	5
1	5	7	6	4	8	9	3	2
8	6	9	2	5	3	1	7	4
4	2	3	9	1	5	8	6	7
9	7	6	3	8	4	2	5	1
5	8	1	7	2	6	3	4	9

p.84

9	5	3	4	8	1	6	7	2
8	7	6	5	2	9	4	1	3
4	2	1	7	6	3	5	9	8
2	1	5	3	7	6	9	8	4
6	9	7	2	4	8	3	5	1
3	8	4	9	1	5	7	2	6
7	3	2	8	5	4	1	6	9
5	6	9	1	3	2	8	4	7
1	4	8	6	9	7	2	3	5

p.85

2	7	8	1	9	4	3	5	6
1	6	5	2	8	3	4	7	9
9	4	3	6	7	5	8	2	1
6	8	1	7	5	9	2	4	3
4	9	2	8	3	6	5	1	7
3	5	7	4	1	2	6	9	8
5	3	4	9	6	1	7	8	2
8	2	9	3	4	7	1	6	5
7	1	6	5	2	8	9	3	4

p.86

1	8	6	2	7	3	4	5	9
5	7	2	9	4	1	3	6	8
9	4	3	5	6	8	7	2	1
2	9	1	7	8	4	5	3	6
8	6	5	3	9	2	1	7	4
7	3	4	1	5	6	8	9	2
6	1	9	4	3	5	2	8	7
3	2	8	6	1	7	9	4	5
4	5	7	8	2	9	6	1	3

p.87

2	7	8	1	9	4	3	6	5
5	4	1	6	2	3	8	9	7
6	3	9	7	5	8	2	1	4
9	6	3	2	4	5	7	8	1
1	5	2	8	7	9	4	3	6
4	8	7	3	6	1	5	2	9
3	9	5	4	8	6	1	7	2
8	2	6	5	1	7	9	4	3
7	1	4	9	3	2	6	5	8

p.88

4	6	3	2	7	8	1	5	9
5	8	7	1	9	4	6	2	3
9	2	1	5	3	6	8	4	7
2	9	6	8	5	1	3	7	4
1	3	4	7	6	9	5	8	2
8	7	5	3	4	2	9	1	6
3	1	9	4	2	5	7	6	8
6	4	8	9	1	7	2	3	5
7	5	2	6	8	3	4	9	1

p.89

2	1	9	7	6	3	4	8	5
8	3	4	5	2	9	1	6	7
6	7	5	8	4	1	3	9	2
9	6	2	3	1	4	7	5	8
3	8	1	2	7	5	9	4	6
4	5	7	6	9	8	2	1	3
1	2	6	4	8	7	5	3	9
7	4	3	9	5	6	8	2	1
5	9	8	1	3	2	6	7	4

p.90

6	4	1	5	9	7	2	3	8
8	5	7	3	2	4	6	1	9
2	3	9	1	8	6	4	5	7
4	9	2	7	1	8	3	6	5
5	1	8	9	6	3	7	2	4
7	6	3	2	4	5	9	8	1
3	2	5	4	7	1	8	9	6
9	8	4	6	5	2	1	7	3
1	7	6	8	3	9	5	4	2

p.91

6	2	8	1	9	4	5	7	3
7	1	5	2	6	3	8	4	9
3	9	4	7	5	8	2	1	6
8	6	3	5	2	1	7	9	4
1	5	2	4	7	9	3	6	8
4	7	9	3	8	6	1	5	2
5	3	6	9	1	2	4	8	7
2	8	1	6	4	7	9	3	5
9	4	7	8	3	5	6	2	1

p.92

3	7	2	5	8	4	1	9	6
9	5	4	6	1	2	3	8	7
6	8	1	3	9	7	2	5	4
1	3	9	7	2	8	6	4	5
4	2	8	1	5	6	9	7	3
5	6	7	4	3	9	8	2	1
2	4	6	9	7	3	5	1	8
7	9	5	8	6	1	4	3	2
8	1	3	2	4	5	7	6	9

p.93

1	3	8	9	7	4	2	5	6
5	6	9	2	3	1	4	8	7
4	2	7	8	5	6	3	9	1
9	8	3	5	1	7	6	2	4
2	5	1	4	6	9	8	7	3
7	4	6	3	8	2	5	1	9
6	9	5	7	4	8	1	3	2
3	1	2	6	9	5	7	4	8
8	7	4	1	2	3	9	6	5

p.94

6	3	2	5	1	4	9	7	8
7	8	4	2	9	3	1	6	5
1	9	5	7	8	6	4	3	2
5	7	6	9	2	1	8	4	3
2	4	8	6	3	7	5	9	1
9	1	3	8	4	5	7	2	6
4	2	1	3	5	9	6	8	7
8	6	9	1	7	2	3	5	4
3	5	7	4	6	8	2	1	9

p.95

1	5	3	8	9	7	6	2	4
7	8	4	6	2	1	9	3	5
9	2	6	3	4	5	8	7	1
3	6	7	1	5	2	4	9	8
8	1	5	4	3	9	7	6	2
2	4	9	7	6	8	5	1	3
6	3	8	9	1	4	2	5	7
4	9	2	5	7	3	1	8	6
5	7	1	2	8	6	3	4	9

p.96

8	3	6	5	9	7	4	1	2
9	7	4	1	3	2	5	8	6
1	5	2	4	6	8	7	3	9
7	6	8	2	1	3	9	5	4
4	9	3	8	5	6	1	2	7
5	2	1	9	7	4	3	6	8
2	1	7	6	4	5	8	9	3
6	4	5	3	8	9	2	7	1
3	8	9	7	2	1	6	4	5

p.97

3	9	4	2	6	7	8	1	5
1	7	6	3	5	8	4	9	2
8	2	5	1	4	9	3	7	6
9	4	2	6	7	1	5	8	3
6	8	1	5	9	3	7	2	4
7	5	3	4	8	2	1	6	9
5	6	7	8	2	4	9	3	1
4	1	8	9	3	6	2	5	7
2	3	9	7	1	5	6	4	8

p.98

4	2	9	6	7	1	3	8	5
6	3	8	2	4	5	9	7	1
1	7	5	9	8	3	2	4	6
3	8	1	4	9	6	7	5	2
5	9	2	7	3	8	6	1	4
7	4	6	1	5	2	8	9	3
9	5	7	3	2	4	1	6	8
2	6	4	8	1	9	5	3	7
8	1	3	5	6	7	4	2	9

p.99

6	1	4	8	9	3	2	5	7
7	5	9	1	6	2	8	3	4
8	3	2	7	5	4	6	1	9
4	8	6	2	3	9	5	7	1
5	9	1	6	8	7	3	4	2
3	2	7	5	4	1	9	8	6
9	6	5	4	7	8	1	2	3
1	4	8	3	2	6	7	9	5
2	7	3	9	1	5	4	6	8

p.100

6	5	7	1	2	4	8	9	3
4	9	2	8	3	6	7	1	5
1	8	3	5	7	9	2	6	4
5	3	6	2	9	7	1	4	8
2	4	9	3	1	8	5	7	6
8	7	1	4	6	5	3	2	9
3	6	4	7	5	1	9	8	2
7	2	8	9	4	3	6	5	1
9	1	5	6	8	2	4	3	7

p.101

2	3	1	6	8	5	9	7	4
4	8	5	7	1	9	6	2	3
7	9	6	4	3	2	1	8	5
6	4	9	2	5	1	8	3	7
8	5	7	9	4	3	2	6	1
3	1	2	8	6	7	4	5	9
5	6	3	1	9	8	7	4	2
9	7	4	5	2	6	3	1	8
1	2	8	3	7	4	5	9	6

p.102

8	9	2	1	4	3	5	7	6
3	7	4	8	6	5	1	2	9
6	5	1	9	7	2	4	3	8
7	8	5	6	9	1	3	4	2
4	2	6	5	3	7	8	9	1
9	1	3	4	2	8	6	5	7
1	4	8	7	5	9	2	6	3
5	3	9	2	8	6	7	1	4
2	6	7	3	1	4	9	8	5

p.103

1	4	7	8	9	5	6	3	2
2	8	3	7	6	4	1	5	9
6	9	5	1	2	3	8	7	4
7	5	1	9	4	6	3	2	8
3	2	8	5	7	1	9	4	6
9	6	4	2	3	8	7	1	5
8	7	9	3	5	2	4	6	1
5	3	6	4	1	9	2	8	7
4	1	2	6	8	7	5	9	3

p.104

3	8	6	2	4	1	9	7	5
7	2	1	5	9	8	4	3	6
4	9	5	6	3	7	8	1	2
8	7	9	1	5	4	2	6	3
5	4	3	9	6	2	1	8	7
1	6	2	8	7	3	5	4	9
9	1	4	3	2	6	7	5	8
6	5	7	4	8	9	3	2	1
2	3	8	7	1	5	6	9	4

p.105

8	7	3	2	9	4	6	5	1
9	4	5	1	6	8	3	2	7
2	6	1	7	5	3	4	8	9
6	5	7	4	8	1	9	3	2
3	2	4	6	7	9	5	1	8
1	8	9	5	3	2	7	4	6
4	1	6	3	2	7	8	9	5
7	3	8	9	1	5	2	6	4
5	9	2	8	4	6	1	7	3

p.106

3	6	7	1	8	2	5	9	4
4	8	5	6	7	9	2	1	3
2	1	9	4	5	3	6	8	7
6	2	3	8	9	5	4	7	1
8	5	1	7	6	4	3	2	9
9	7	4	2	3	1	8	6	5
1	4	6	5	2	7	9	3	8
5	9	8	3	1	6	7	4	2
7	3	2	9	4	8	1	5	6

p.107

7	3	2	5	4	8	9	6	1
8	4	6	9	7	1	2	5	3
9	5	1	2	3	6	7	4	8
4	2	9	1	5	7	8	3	6
6	8	3	4	2	9	5	1	7
1	7	5	8	6	3	4	2	9
5	6	7	3	9	4	1	8	2
2	9	8	6	1	5	3	7	4
3	1	4	7	8	2	6	9	5

p.108

3	7	6	1	9	5	2	8	4
4	2	1	3	6	8	9	7	5
5	8	9	2	4	7	1	6	3
9	3	2	7	8	6	4	5	1
8	5	4	9	1	3	6	2	7
6	1	7	4	5	2	3	9	8
1	6	5	8	3	9	7	4	2
7	4	8	6	2	1	5	3	9
2	9	3	5	7	4	8	1	6

p.109

9	7	5	6	4	2	8	1	3
3	8	1	9	7	5	4	2	6
2	4	6	1	8	3	9	7	5
1	3	8	5	9	4	2	6	7
7	9	2	3	6	1	5	4	8
6	5	4	7	2	8	1	3	9
8	1	9	4	3	7	6	5	2
5	6	3	2	1	9	7	8	4
4	2	7	8	5	6	3	9	1

p.110

6	8	4	1	7	3	5	2	9
5	9	1	8	2	6	4	3	7
3	7	2	4	9	5	6	8	1
1	2	6	3	5	7	8	9	4
7	3	5	9	8	4	1	6	2
9	4	8	6	1	2	7	5	3
4	5	7	2	6	9	3	1	8
2	1	3	5	4	8	9	7	6
8	6	9	7	3	1	2	4	5

p.111

9	7	2	3	5	8	1	6	4
4	8	6	1	2	7	5	9	3
1	5	3	4	6	9	2	7	8
3	2	1	6	9	5	4	8	7
5	6	8	7	3	4	9	2	1
7	4	9	8	1	2	6	3	5
6	3	4	9	7	1	8	5	2
8	9	5	2	4	3	7	1	6
2	1	7	5	8	6	3	4	9

p.112

9	1	8	2	7	6	5	3	4
3	2	7	4	8	5	1	9	6
4	6	5	3	1	9	8	7	2
6	7	4	8	3	2	9	5	1
2	5	9	1	6	7	3	4	8
1	8	3	9	5	4	6	2	7
8	9	2	5	4	1	7	6	3
7	4	1	6	9	3	2	8	5
5	3	6	7	2	8	4	1	9

p.113

6	1	8	2	9	5	7	4	3
3	9	5	8	7	4	2	1	6
7	4	2	3	6	1	9	5	8
2	6	9	1	4	7	8	3	5
1	5	7	9	8	3	4	6	2
4	8	3	5	2	6	1	9	7
8	2	6	4	3	9	5	7	1
5	7	4	6	1	8	3	2	9
9	3	1	7	5	2	6	8	4

p.114

1	8	7	4	5	3	9	2	6
5	6	2	7	9	8	1	4	3
3	9	4	2	1	6	7	5	8
8	1	5	3	6	4	2	7	9
2	4	6	1	7	9	3	8	5
7	3	9	5	8	2	6	1	4
9	7	8	6	2	5	4	3	1
6	2	3	8	4	1	5	9	7
4	5	1	9	3	7	8	6	2

p.115

7	2	5	4	3	1	6	9	8
3	9	8	6	2	5	7	4	1
4	1	6	7	8	9	5	2	3
1	4	3	5	6	7	2	8	9
6	7	9	8	1	2	4	3	5
5	8	2	3	9	4	1	6	7
8	3	7	1	4	6	9	5	2
9	5	4	2	7	3	8	1	6
2	6	1	9	5	8	3	7	4

p.116

6	8	5	9	1	7	4	3	2
1	2	9	4	6	3	8	7	5
3	7	4	5	2	8	9	1	6
2	5	6	1	7	4	3	9	8
8	9	1	6	3	5	7	2	4
7	4	3	2	8	9	6	5	1
4	3	7	8	5	2	1	6	9
5	1	8	7	9	6	2	4	3
9	6	2	3	4	1	5	8	7

p.117

9	8	5	3	4	1	7	6	2
6	2	1	8	7	9	5	3	4
7	4	3	6	2	5	8	1	9
5	7	9	2	1	6	4	8	3
3	1	2	4	8	7	6	9	5
4	6	8	5	9	3	2	7	1
8	3	6	9	5	4	1	2	7
1	9	4	7	6	2	3	5	8
2	5	7	1	3	8	9	4	6

p.118

2	1	7	4	5	9	3	8	6
9	6	8	2	3	7	1	4	5
5	3	4	6	1	8	2	9	7
6	4	5	9	8	3	7	1	2
3	8	9	1	7	2	5	6	4
7	2	1	5	6	4	9	3	8
4	5	6	7	9	1	8	2	3
8	9	2	3	4	5	6	7	1
1	7	3	8	2	6	4	5	9

p.119

4	7	3	8	9	1	2	6	5
6	2	8	3	5	7	4	9	1
1	9	5	2	4	6	7	3	8
7	8	1	4	6	2	9	5	3
2	3	6	5	7	9	1	8	4
9	5	4	1	8	3	6	2	7
3	4	2	6	1	8	5	7	9
5	6	7	9	3	4	8	1	2
8	1	9	7	2	5	3	4	6

p.120

3	1	7	4	5	6	8	2	9
6	8	5	2	1	9	3	4	7
4	2	9	3	8	7	1	6	5
8	4	6	5	3	1	7	9	2
9	5	3	6	7	2	4	1	8
2	7	1	9	4	8	5	3	6
1	9	4	8	2	5	6	7	3
7	6	8	1	9	3	2	5	4
5	3	2	7	6	4	9	8	1

p.121

6	7	2	4	3	1	9	8	5
1	8	9	7	2	5	6	3	4
5	3	4	6	9	8	2	1	7
2	9	5	3	8	7	1	4	6
3	1	6	2	5	4	7	9	8
8	4	7	9	1	6	5	2	3
7	5	3	1	4	2	8	6	9
9	6	1	8	7	3	4	5	2
4	2	8	5	6	9	3	7	1

p.122

3	4	7	9	6	1	8	5	2
6	2	1	4	5	8	7	9	3
8	9	5	2	3	7	6	1	4
7	6	8	3	4	5	1	2	9
1	3	2	8	9	6	5	4	7
4	5	9	7	1	2	3	6	8
9	1	4	5	8	3	2	7	6
5	7	3	6	2	9	4	8	1
2	8	6	1	7	4	9	3	5

p.123

9	7	4	3	8	1	6	5	2
1	2	6	5	9	4	3	7	8
5	8	3	6	7	2	4	1	9
4	9	7	2	1	8	5	6	3
3	6	2	4	5	7	9	8	1
8	1	5	9	3	6	7	2	4
7	3	8	1	6	9	2	4	5
2	5	1	7	4	3	8	9	6
6	4	9	8	2	5	1	3	7

p.124

4	7	9	6	1	5	8	3	2
6	1	2	8	3	7	4	9	5
5	8	3	4	2	9	6	1	7
9	5	6	2	4	1	3	7	8
7	3	4	5	9	8	2	6	1
1	2	8	3	7	6	5	4	9
3	4	7	1	8	2	9	5	6
8	9	5	7	6	3	1	2	4
2	6	1	9	5	4	7	8	3

p.125

7	5	8	4	2	1	3	9	6
2	9	4	6	7	3	5	1	8
6	1	3	5	9	8	2	4	7
8	6	5	1	3	2	4	7	9
4	3	1	7	6	9	8	5	2
9	7	2	8	4	5	1	6	3
1	2	9	3	5	6	7	8	4
3	8	7	9	1	4	6	2	5
5	4	6	2	8	7	9	3	1

p.126

3	4	8	9	5	1	6	7	2
2	1	6	7	8	4	9	5	3
9	7	5	6	2	3	4	8	1
5	3	2	1	9	7	8	4	6
4	9	7	8	6	2	3	1	5
6	8	1	4	3	7	5	2	9
1	2	4	3	7	6	5	9	8
7	6	9	5	1	8	2	3	4
8	5	3	2	4	9	1	6	7

p.127

2	7	8	5	6	9	1	3	4
6	5	3	8	1	4	9	2	7
4	9	1	2	7	3	6	5	8
9	8	4	7	3	1	5	6	2
7	3	2	6	4	5	8	1	9
5	1	6	9	2	8	4	7	3
3	4	5	1	9	2	7	8	6
8	6	9	3	5	7	2	4	1
1	2	7	4	8	6	3	9	5

p.128

1	2	6	5	9	8	3	4	7
3	9	8	4	1	7	5	2	6
7	4	5	3	2	6	1	8	9
5	8	1	9	6	2	4	7	3
2	7	9	1	3	4	6	5	8
6	3	4	7	8	5	9	1	2
9	1	7	8	5	3	2	6	4
8	5	2	6	4	9	7	3	1
4	6	3	2	7	1	8	9	5

p.129

8	6	7	4	3	1	5	2	9
4	1	3	2	9	5	6	7	8
2	5	9	7	8	6	3	4	1
9	7	6	5	2	8	4	1	3
5	8	2	1	4	3	9	6	7
1	3	4	9	6	7	2	8	5
7	2	5	3	1	4	8	9	6
3	9	8	6	7	2	1	5	4
6	4	1	8	5	9	7	3	2

p.130

1	7	2	9	3	8	5	4	6
8	6	9	7	4	5	2	3	1
3	5	4	6	1	2	7	8	9
9	4	1	2	7	3	6	5	8
6	3	5	4	8	9	1	2	7
2	8	7	1	5	6	4	9	3
4	9	8	5	6	1	3	7	2
5	2	6	3	9	7	8	1	4
7	1	3	8	2	4	9	6	5

p.131

5	1	8	2	6	3	9	4	7
3	9	7	8	4	1	5	6	2
2	4	6	9	7	5	1	3	8
9	7	5	3	8	2	6	1	4
8	2	4	6	1	9	3	7	5
6	3	1	7	5	4	8	2	9
1	8	9	4	3	7	2	5	6
4	5	2	1	9	6	7	8	3
7	6	3	5	2	8	4	9	1

p.132

1	7	8	6	4	9	5	2	3
4	6	5	2	3	8	1	7	9
9	3	2	1	5	7	8	4	6
7	9	6	4	1	5	3	8	2
3	2	4	7	8	6	9	5	1
5	8	1	9	2	3	4	6	7
8	5	7	3	9	2	6	1	4
2	1	3	8	6	4	7	9	5
6	4	9	5	7	1	2	3	8

p.133

4	9	2	7	3	8	5	6	1
6	1	8	4	5	9	3	2	7
7	3	5	2	6	1	4	9	8
1	5	7	8	4	6	2	3	9
8	2	9	3	7	5	1	4	6
3	6	4	1	9	2	8	7	5
5	7	1	6	2	4	9	8	3
2	8	6	9	1	3	7	5	4
9	4	3	5	8	7	6	1	2

p.134

6	1	9	7	8	4	3	5	2
2	4	8	9	5	3	7	6	1
3	5	7	6	1	2	9	8	4
8	9	2	4	6	1	5	3	7
1	7	3	5	2	9	6	4	8
5	6	4	8	3	7	2	1	9
7	8	1	3	9	5	4	2	6
9	3	6	2	4	8	1	7	5
4	2	5	1	7	6	8	9	3

p.135

7	1	6	8	5	4	3	9	2
3	5	2	9	1	6	4	8	7
9	4	8	3	7	2	6	1	5
6	9	7	5	8	3	1	2	4
4	3	5	1	2	9	8	7	6
8	2	1	4	6	7	9	5	3
2	6	9	7	4	8	5	3	1
1	7	3	6	9	5	2	4	8
5	8	4	2	3	1	7	6	9

p.136

3	9	5	1	4	8	6	7	2
4	6	1	3	2	7	5	8	9
7	2	8	9	6	5	1	4	3
6	7	3	5	9	4	2	1	8
1	5	4	2	8	6	3	9	7
9	8	2	7	3	1	4	6	5
8	3	7	4	1	2	9	5	6
2	1	6	8	5	9	7	3	4
5	4	9	6	7	3	8	2	1

p.137

2	4	1	9	3	8	5	6	7
8	3	5	6	4	7	2	1	9
7	6	9	5	2	1	8	4	3
1	7	2	4	9	6	3	5	8
4	8	3	2	1	5	9	7	6
5	9	6	7	8	3	4	2	1
3	1	4	8	7	2	6	9	5
6	2	8	1	5	9	7	3	4
9	5	7	3	6	4	1	8	2

p.138

5	4	7	6	8	3	1	2	9
9	6	2	5	7	1	3	8	4
8	1	3	2	4	9	7	6	5
2	3	9	7	5	6	4	1	8
1	8	6	3	2	4	9	5	7
7	5	4	9	1	8	6	3	2
3	7	8	1	9	2	5	4	6
6	2	5	4	3	7	8	9	1
4	9	1	8	6	5	2	7	3

p.139

7	6	8	9	4	2	5	1	3
3	1	4	7	6	5	9	8	2
9	5	2	8	1	3	4	7	6
8	4	7	3	2	1	6	5	9
1	3	9	5	8	6	7	2	4
6	2	5	4	9	7	8	3	1
4	8	3	1	5	9	2	6	7
2	9	1	6	7	8	3	4	5
5	7	6	2	3	4	1	9	8

p.140

2	6	7	4	3	9	8	1	5
5	1	3	2	8	7	9	4	6
8	4	9	6	1	5	2	7	3
7	2	4	8	5	3	1	6	9
6	3	5	1	9	4	7	2	8
1	9	8	7	6	2	5	3	4
4	8	6	9	7	1	3	5	2
3	7	2	5	4	8	6	9	1
9	5	1	3	2	6	4	8	7

p.141

7	6	1	4	3	2	8	9	5
8	3	9	1	5	6	4	2	7
4	5	2	9	7	8	1	3	6
2	7	6	5	1	9	3	8	4
9	4	5	8	6	3	7	1	2
1	8	3	7	2	4	5	6	9
3	1	4	2	9	7	6	5	8
6	2	8	3	4	5	9	7	1
5	9	7	6	8	1	2	4	3

p.142

4	5	7	9	3	6	1	8	2
6	3	2	5	1	8	4	9	7
1	9	8	4	2	7	6	5	3
9	8	6	3	7	1	5	2	4
5	4	3	6	9	2	8	7	1
2	7	1	8	5	4	9	3	6
7	2	5	1	6	9	3	4	8
3	1	4	2	8	5	7	6	9
8	6	9	7	4	3	2	1	5

p.143

1	2	3	7	4	8	9	5	6
9	6	4	2	5	1	7	3	8
7	5	8	6	9	3	1	4	2
3	1	9	4	2	7	6	8	5
8	7	2	5	1	6	3	9	4
5	4	6	3	8	9	2	7	1
2	3	7	8	6	5	4	1	9
4	8	1	9	3	2	5	6	7
6	9	5	1	7	4	8	2	3

p.144

1	5	8	9	3	2	6	4	7
6	3	2	1	7	4	8	5	9
9	7	4	8	5	6	3	1	2
3	8	5	4	6	7	9	2	1
4	6	1	5	2	9	7	8	3
7	2	9	3	1	8	4	6	5
8	1	7	6	9	5	2	3	4
5	9	6	2	4	3	1	7	8
2	4	3	7	8	1	5	9	6

p.145

5	9	3	8	6	2	4	1	7
8	1	4	9	5	7	2	6	3
7	2	6	4	1	3	9	5	8
9	3	7	2	4	5	6	8	1
4	6	2	3	8	1	7	9	5
1	5	8	7	9	6	3	2	4
2	8	9	1	7	4	5	3	6
3	7	5	6	2	8	1	4	9
6	4	1	5	3	9	8	7	2

p.146

4	3	6	8	9	1	7	5	2
1	2	8	3	7	5	6	4	9
7	5	9	4	6	2	8	3	1
6	4	1	2	5	9	3	8	7
2	7	5	6	8	3	9	1	4
8	9	3	7	1	4	2	6	5
3	1	7	9	4	8	5	2	6
9	8	4	5	2	6	1	7	3
5	6	2	1	3	7	4	9	8

p.147

6	9	3	5	8	2	1	4	7
2	8	1	7	4	3	9	5	6
4	7	5	9	1	6	8	2	3
9	2	8	1	7	4	3	6	5
1	3	6	2	5	9	7	8	4
5	4	7	6	3	8	2	9	1
8	1	4	3	2	5	6	7	9
3	6	2	4	9	7	5	1	8
7	5	9	8	6	1	4	3	2

p.148

9	7	5	6	2	8	3	4	1
2	6	4	1	3	7	9	8	5
1	8	3	9	4	5	7	2	6
5	4	8	7	9	3	1	6	2
7	3	1	2	8	6	5	9	4
6	9	2	4	5	1	8	3	7
8	5	6	3	1	4	2	7	9
3	2	7	5	6	9	4	1	8
4	1	9	8	7	2	6	5	3

p.149

9	4	5	8	6	2	1	7	3
7	1	6	5	9	3	2	8	4
8	3	2	7	4	1	6	9	5
5	7	9	2	1	8	4	3	6
1	8	3	6	5	4	9	2	7
6	2	4	9	3	7	8	5	1
4	9	1	3	2	5	7	6	8
3	6	7	4	8	9	5	1	2
2	5	8	1	7	6	3	4	9

p.150

2	4	9	1	8	6	3	5	7
6	3	7	9	4	5	2	1	8
5	1	8	3	2	7	9	6	4
4	7	6	5	9	8	1	3	2
3	8	1	4	6	2	5	7	9
9	2	5	7	1	3	4	8	6
1	5	2	6	7	4	8	9	3
8	6	3	2	5	9	7	4	1
7	9	4	8	3	1	6	2	5

p.151

2	1	4	6	9	8	5	3	7
7	3	9	5	2	1	6	4	8
6	8	5	3	4	7	1	9	2
1	4	6	9	7	5	2	8	3
3	9	7	1	8	2	4	5	6
8	5	2	4	6	3	7	1	9
4	6	8	2	5	9	3	7	1
9	2	3	7	1	4	8	6	5
5	7	1	8	3	6	9	2	4

p.152

6	3	9	2	1	5	8	4	7
1	4	7	6	8	9	2	3	5
5	2	8	4	3	7	9	1	6
8	9	6	3	7	2	1	5	4
7	5	3	1	4	8	6	9	2
2	1	4	9	5	6	3	7	8
9	7	2	5	6	1	4	8	3
4	8	1	7	2	3	5	6	9
3	6	5	8	9	4	7	2	1

p.153

1	9	7	5	3	2	6	8	4
3	2	4	8	1	6	5	7	9
8	5	6	9	4	7	2	3	1
5	8	1	6	7	4	9	2	3
4	7	2	3	9	8	1	6	5
9	6	3	2	5	1	7	4	8
2	3	9	7	8	5	4	1	6
6	1	8	4	2	9	3	5	7
7	4	5	1	6	3	8	9	2

p.154

8	3	9	7	1	5	2	6	4
2	5	4	9	3	6	1	7	8
7	6	1	8	2	4	3	5	9
3	1	7	4	6	8	9	2	5
5	4	6	3	9	2	7	8	1
9	8	2	5	7	1	6	4	3
6	2	8	1	5	3	4	9	7
1	9	5	6	4	7	8	3	2
4	7	3	2	8	9	5	1	6

p.155

1	3	2	9	4	6	8	5	7
9	4	8	7	5	2	1	6	3
5	7	6	1	3	8	9	4	2
6	9	4	8	1	7	2	3	5
8	5	3	4	2	9	6	7	1
2	1	7	5	6	3	4	8	9
3	6	9	2	7	4	5	1	8
7	8	5	6	9	1	3	2	4
4	2	1	3	8	5	7	9	6

p.156

1	8	7	9	2	4	3	5	6
9	3	5	8	6	1	4	2	7
4	2	6	7	3	5	9	1	8
8	6	1	5	9	7	2	3	4
2	7	4	1	8	3	5	6	9
5	9	3	2	4	6	8	7	1
3	5	8	6	7	9	1	4	2
6	4	2	3	1	8	7	9	5
7	1	9	4	5	2	6	8	3

p.157

9	2	7	1	6	3	5	8	4
4	6	1	8	5	9	2	7	3
5	8	3	4	2	7	1	9	6
2	9	6	5	7	4	3	1	8
3	1	5	2	9	8	4	6	7
8	7	4	3	1	6	9	5	2
1	3	9	6	8	2	7	4	5
7	4	8	9	3	5	6	2	1
6	5	2	7	4	1	8	3	9

p.158

1	8	4	6	3	9	7	2	5
9	6	7	2	5	8	3	1	4
5	3	2	7	4	1	9	8	6
6	1	8	9	2	3	5	4	7
2	9	3	4	7	5	1	6	8
7	4	5	8	1	6	2	9	3
3	5	6	1	9	4	8	7	2
8	7	9	3	6	2	4	5	1
4	2	1	5	8	7	6	3	9

p.159

1	9	7	8	6	4	5	3	2
2	8	3	1	7	5	6	4	9
6	5	4	3	2	9	7	8	1
9	2	5	6	4	8	3	1	7
8	7	1	5	3	2	9	6	4
4	3	6	9	1	7	2	5	8
3	6	8	2	9	1	4	7	5
7	1	2	4	5	6	8	9	3
5	4	9	7	8	3	1	2	6

p.160

7	9	6	2	3	4	8	1	5
2	4	3	5	1	8	7	6	9
8	5	1	9	7	6	4	2	3
4	2	9	1	6	5	3	7	8
3	6	7	8	2	9	5	4	1
1	8	5	3	4	7	2	9	6
6	7	8	4	9	3	1	5	2
5	1	4	6	8	2	9	3	7
9	3	2	7	5	1	6	8	4

p.161

9	2	8	1	5	3	7	4	6
4	7	6	9	8	2	1	3	5
3	1	5	4	6	7	8	2	9
6	8	9	2	3	4	5	1	7
7	4	2	5	9	1	3	6	8
1	5	3	8	7	6	4	9	2
2	6	1	7	4	5	9	8	3
8	3	7	6	1	9	2	5	4
5	9	4	3	2	8	6	7	1

p.162

8	1	4	9	6	3	7	2	5
5	6	2	7	4	1	9	8	3
3	9	7	8	2	5	1	4	6
2	5	9	1	7	8	6	3	4
6	8	3	4	5	9	2	7	1
7	4	1	6	3	2	5	9	8
9	3	8	5	1	7	4	6	2
4	7	5	2	8	6	3	1	9
1	2	6	3	9	4	8	5	7

p.163

4	3	2	9	1	8	6	7	5
1	9	6	7	2	5	4	3	8
5	8	7	6	3	4	2	1	9
6	1	5	8	4	2	3	9	7
3	7	9	1	5	6	8	2	4
2	4	8	3	9	7	5	6	1
8	6	3	4	7	1	9	5	2
7	2	4	5	6	9	1	8	3
9	5	1	2	8	3	7	4	6

p.164

8	6	4	5	7	1	2	9	3
5	1	3	2	9	8	6	4	7
2	9	7	3	4	6	1	8	5
6	4	1	8	5	3	7	2	9
9	5	8	7	6	2	4	3	1
3	7	2	9	1	4	5	6	8
4	8	5	6	3	7	9	1	2
7	2	6	1	8	9	3	5	4
1	3	9	4	2	5	8	7	6

p.165

8	7	5	3	2	9	1	4	6
3	1	4	5	6	8	9	2	7
9	2	6	7	1	4	5	3	8
1	4	9	2	5	6	8	7	3
6	5	8	4	7	3	2	1	9
2	3	7	9	8	1	6	5	4
7	6	1	8	4	2	3	9	5
5	8	3	1	9	7	4	6	2
4	9	2	6	3	5	7	8	1

p.166

9	7	3	2	8	6	1	5	4
6	1	8	9	4	5	7	3	2
2	4	5	7	3	1	9	8	6
7	6	1	8	5	4	3	2	9
5	2	4	3	6	9	8	1	7
3	8	9	1	7	2	4	6	5
1	5	7	4	2	3	6	9	8
8	9	6	5	1	7	2	4	3
4	3	2	6	9	8	5	7	1

p.167

2	4	5	9	7	6	3	8	1
8	7	3	4	2	1	5	9	6
6	9	1	5	3	8	2	4	7
5	1	2	3	6	9	4	7	8
9	6	7	8	4	2	1	5	3
4	3	8	7	1	5	6	2	9
7	2	9	6	5	3	8	1	4
3	5	4	1	8	7	9	6	2
1	8	6	2	9	4	7	3	5

p.168

7	4	9	3	2	5	6	8	1
2	6	5	8	4	1	3	9	7
3	8	1	6	7	9	5	4	2
6	9	8	1	5	3	7	2	4
1	7	4	2	9	6	8	5	3
5	2	3	4	8	7	1	6	9
9	5	2	7	3	8	4	1	6
8	3	6	9	1	4	2	7	5
4	1	7	5	6	2	9	3	8

p.169

3	6	2	9	4	8	5	7	1
7	8	9	5	1	3	2	4	6
1	4	5	6	7	2	9	8	3
8	2	7	1	5	9	3	6	4
6	1	3	8	2	4	7	5	9
5	9	4	7	3	6	8	1	2
9	5	8	2	6	1	4	3	7
2	3	6	4	8	7	1	9	5
4	7	1	3	9	5	6	2	8

p.170

5	2	4	7	8	1	9	3	6
6	1	3	9	4	2	7	8	5
7	9	8	5	3	6	1	4	2
1	3	9	8	2	7	6	5	4
8	6	5	3	1	4	2	7	9
2	4	7	6	5	9	8	1	3
9	8	6	4	7	3	5	2	1
3	5	1	2	9	8	4	6	7
4	7	2	1	6	5	3	9	8

p.171

8	5	6	4	2	9	7	1	3
9	1	2	3	7	5	6	4	8
3	4	7	8	1	6	2	5	9
4	8	3	6	9	7	1	2	5
2	9	5	1	4	8	3	6	7
6	7	1	2	5	3	8	9	4
5	6	8	9	3	2	4	7	1
7	2	4	5	8	1	9	3	6
1	3	9	7	6	4	5	8	2

p.172

1	4	7	8	5	6	9	2	3
6	9	3	2	7	4	8	5	1
2	8	5	1	9	3	7	6	4
8	6	1	3	4	9	5	7	2
3	5	2	6	8	7	4	1	9
4	7	9	5	1	2	6	3	8
9	3	4	7	6	1	2	8	5
7	1	8	9	2	5	3	4	6
5	2	6	4	3	8	1	9	7

p.173

6	8	2	9	1	4	7	5	3
5	3	9	2	7	6	4	8	1
7	4	1	3	5	8	2	6	9
3	1	8	6	4	2	9	7	5
9	5	4	1	3	7	8	2	6
2	7	6	5	8	9	3	1	4
8	9	7	4	6	1	5	3	2
4	6	3	7	2	5	1	9	8
1	2	5	8	9	3	6	4	7

p.174

6	3	2	9	4	1	8	5	7
7	8	4	3	6	5	9	2	1
1	9	5	7	8	2	6	3	4
3	2	7	4	9	6	1	8	5
5	4	9	1	7	8	3	6	2
8	6	1	2	5	3	4	7	9
4	7	3	6	2	9	5	1	8
2	1	8	5	3	4	7	9	6
9	5	6	8	1	7	2	4	3

p.175

9	6	8	5	3	4	1	2	7
7	3	1	9	6	2	4	5	8
5	2	4	1	8	7	3	6	9
2	9	7	8	1	6	5	4	3
8	1	3	7	4	5	2	9	6
6	4	5	2	9	3	7	8	1
1	5	9	3	2	8	6	7	4
3	7	6	4	5	9	8	1	2
4	8	2	6	7	1	9	3	5

p.176

3	1	2	5	9	7	4	8	6
9	8	6	4	1	3	2	7	5
5	7	4	6	2	8	1	3	9
4	3	9	7	5	1	6	2	8
7	5	8	3	6	2	9	4	1
2	6	1	8	4	9	3	5	7
1	4	3	9	7	5	8	6	2
8	2	5	1	3	6	7	9	4
6	9	7	2	8	4	5	1	3

p.177

5	4	1	3	7	6	9	8	2
7	3	2	9	4	8	6	5	1
8	9	6	2	5	1	3	4	7
4	1	5	7	6	9	8	2	3
9	6	3	5	8	2	1	7	4
2	7	8	4	1	3	5	6	9
6	8	4	1	3	7	2	9	5
1	5	9	8	2	4	7	3	6
3	2	7	6	9	5	4	1	8

p.178

7	3	6	5	4	9	1	8	2
5	8	4	2	1	7	3	9	6
1	2	9	6	3	8	4	7	5
2	6	5	7	9	1	8	4	3
8	9	3	4	6	2	5	1	7
4	7	1	8	5	3	2	6	9
9	5	8	1	2	6	7	3	4
3	1	2	9	7	4	6	5	8
6	4	7	3	8	5	9	2	1

p.179

4	6	9	2	7	3	1	5	8
1	5	7	8	6	4	9	2	3
2	8	3	5	9	1	4	6	7
8	7	5	1	3	6	2	4	9
9	1	4	7	5	2	3	8	6
3	2	6	4	8	9	5	7	1
7	9	8	3	4	5	6	1	2
5	3	1	6	2	8	7	9	4
6	4	2	9	1	7	8	3	5

p.180

2	4	1	8	6	5	3	7	9
5	6	3	7	1	9	8	2	4
7	8	9	3	4	2	5	1	6
9	5	4	2	7	8	6	3	1
1	7	2	4	3	6	9	5	8
6	3	8	9	5	1	2	4	7
8	9	7	5	2	4	1	6	3
3	2	6	1	9	7	4	8	5
4	1	5	6	8	3	7	9	2

p.181

2	6	4	3	1	5	7	8	9
1	3	5	9	7	8	2	4	6
7	9	8	4	2	6	1	5	3
9	5	1	7	8	2	3	6	4
6	4	7	1	9	3	5	2	8
3	8	2	6	5	4	9	1	7
8	1	3	2	4	9	6	7	5
5	2	9	8	6	7	4	3	1
4	7	6	5	3	1	8	9	2

p.182

7	6	9	3	5	8	2	1	4
8	4	1	9	2	7	5	3	6
2	5	3	6	1	4	7	9	8
3	2	5	1	8	6	9	4	7
4	7	6	5	3	9	1	8	2
1	9	8	7	4	2	3	6	5
6	1	2	8	7	3	4	5	9
5	8	7	4	9	1	6	2	3
9	3	4	2	6	5	8	7	1

p.183

5	6	2	7	1	3	4	8	9
4	1	3	8	5	9	7	2	6
9	7	8	2	6	4	3	5	1
6	5	9	4	3	7	2	1	8
8	3	4	1	2	5	6	9	7
1	2	7	9	8	6	5	3	4
7	4	1	3	9	2	8	6	5
2	8	5	6	4	1	9	7	3
3	9	6	5	7	8	1	4	2

p.184

8	4	3	5	1	6	7	2	9
1	9	5	7	2	8	6	3	4
2	6	7	9	4	3	5	1	8
5	2	6	1	7	9	4	8	3
7	8	9	3	6	4	1	5	2
4	3	1	8	5	2	9	7	6
6	5	4	2	8	1	3	9	7
9	1	8	6	3	7	2	4	5
3	7	2	4	9	5	8	6	1

p.185

1	2	5	4	7	8	9	3	6
7	3	8	6	1	9	5	4	2
6	9	4	3	2	5	1	7	8
5	4	2	9	3	7	6	8	1
9	1	7	8	5	6	3	2	4
8	6	3	1	4	2	7	9	5
3	5	1	2	9	4	8	6	7
4	8	9	7	6	1	2	5	3
2	7	6	5	8	3	4	1	9

p.186

3	4	7	5	1	6	9	2	8
6	1	5	2	9	8	3	4	7
9	8	2	4	7	3	1	5	6
1	7	8	3	4	2	6	9	5
5	9	4	8	6	1	7	3	2
2	6	3	9	5	7	8	1	4
7	5	9	6	3	4	2	8	1
8	3	1	7	2	5	4	6	9
4	2	6	1	8	9	5	7	3

p.187

7	2	3	5	4	8	1	9	6
4	1	6	9	7	2	5	3	8
8	5	9	3	1	6	7	4	2
6	4	5	7	8	3	2	1	9
1	9	2	4	6	5	8	7	3
3	7	8	2	9	1	6	5	4
9	6	4	8	5	7	3	2	1
5	3	1	6	2	4	9	8	7
2	8	7	1	3	9	4	6	5

p.188

8	6	2	7	1	3	5	4	9
5	1	4	9	6	2	8	7	3
3	9	7	8	4	5	2	6	1
1	7	8	6	2	4	9	3	5
2	4	5	3	9	8	7	1	6
6	3	9	1	5	7	4	8	2
4	2	3	5	8	1	6	9	7
7	5	6	4	3	9	1	2	8
9	8	1	2	7	6	3	5	4

p.189

4	7	9	2	3	8	1	5	6
2	6	3	9	5	1	8	7	4
5	1	8	7	4	6	9	2	3
3	9	6	8	2	5	7	4	1
8	2	1	4	9	7	6	3	5
7	5	4	6	1	3	2	8	9
1	4	2	3	7	9	5	6	8
9	8	7	5	6	4	3	1	2
6	3	5	1	8	2	4	9	7

p.190

8	2	9	6	7	4	3	5	1
1	6	3	2	5	8	9	4	7
5	7	4	3	1	9	8	2	6
7	4	6	8	3	5	1	9	2
2	1	5	9	4	7	6	8	3
3	9	8	1	6	2	4	7	5
4	3	2	5	9	6	7	1	8
9	8	1	7	2	3	5	6	4
6	5	7	4	8	1	2	3	9

p.191

7	6	5	9	8	4	1	3	2
3	9	1	2	6	7	5	8	4
4	8	2	1	3	5	7	6	9
5	2	6	3	7	9	8	4	1
8	1	4	6	5	2	3	9	7
9	3	7	4	1	8	2	5	6
6	4	3	5	2	1	9	7	8
2	5	8	7	9	6	4	1	3
1	7	9	8	4	3	6	2	5

p.192

3	1	4	2	7	8	5	9	6
5	7	6	4	9	3	8	1	2
9	8	2	1	5	6	4	7	3
7	9	1	8	3	2	6	5	4
4	3	8	5	6	9	1	2	7
2	6	5	7	1	4	9	3	8
6	5	9	3	8	7	2	4	1
1	2	3	6	4	5	7	8	9
8	4	7	9	2	1	3	6	5

p.193

1	7	4	6	8	2	9	5	3
5	2	6	9	7	3	1	8	4
9	8	3	1	5	4	2	6	7
6	9	2	4	1	5	7	3	8
7	3	8	2	9	6	4	1	5
4	1	5	7	3	8	6	2	9
2	5	9	8	6	7	3	4	1
3	4	1	5	2	9	8	7	6
8	6	7	3	4	1	5	9	2

p.194

8	5	1	2	3	4	7	6	9
3	7	4	8	6	9	1	2	5
9	2	6	7	5	1	3	8	4
7	1	5	9	8	3	2	4	6
4	9	3	1	2	6	5	7	8
2	6	8	4	7	5	9	3	1
1	8	2	5	4	7	6	9	3
6	4	9	3	1	2	8	5	7
5	3	7	6	9	8	4	1	2

p.195

7	5	4	8	6	3	9	2	1
8	6	2	7	9	1	5	3	4
3	1	9	5	2	4	8	6	7
4	2	5	9	8	6	1	7	3
6	7	1	2	3	5	4	8	9
9	3	8	1	4	7	6	5	2
2	8	6	4	7	9	3	1	5
5	9	3	6	1	2	7	4	8
1	4	7	3	5	8	2	9	6

p.196

7	6	8	2	3	1	4	9	5
9	2	4	7	5	8	1	3	6
1	3	5	4	6	9	7	2	8
4	1	3	8	2	6	5	7	9
8	9	2	5	4	7	6	1	3
6	5	7	9	1	3	8	4	2
2	4	9	1	8	5	3	6	7
5	7	6	3	9	4	2	8	1
3	8	1	6	7	2	9	5	4

p.197

9	5	6	1	4	2	7	3	8
1	2	8	3	7	9	4	5	6
4	3	7	5	6	8	2	1	9
2	6	1	4	9	5	3	8	7
3	7	9	2	8	1	5	6	4
5	8	4	6	3	7	9	2	1
7	1	5	8	2	4	6	9	3
8	9	3	7	5	6	1	4	2
6	4	2	9	1	3	8	7	5

p.198

6	5	2	9	8	1	3	4	7
1	8	3	4	7	6	9	2	5
9	7	4	3	5	2	6	1	8
3	1	8	7	2	4	5	6	9
7	4	6	5	1	9	2	8	3
5	2	9	8	6	3	1	7	4
2	3	7	6	9	8	4	5	1
4	6	5	1	3	7	8	9	2
8	9	1	2	4	5	7	3	6

p.199

6	7	5	1	8	3	2	4	9
1	2	8	5	9	4	6	3	7
3	4	9	2	6	7	1	8	5
7	5	2	9	4	1	8	6	3
8	9	6	3	7	2	4	5	1
4	1	3	8	5	6	7	9	2
5	6	4	7	1	9	3	2	8
2	8	1	6	3	5	9	7	4
9	3	7	4	2	8	5	1	6

p.200

4	6	8	2	5	1	3	7	9
3	9	7	6	4	8	5	1	2
2	1	5	7	9	3	6	4	8
8	3	6	1	7	9	2	5	4
7	4	1	5	2	6	9	8	3
9	5	2	8	3	4	7	6	1
5	8	9	4	6	2	1	3	7
1	7	3	9	8	5	4	2	6
6	2	4	3	1	7	8	9	5

p.201

3	7	4	8	6	5	2	1	9
6	8	2	1	9	3	7	5	4
9	1	5	4	2	7	8	3	6
7	9	6	3	1	2	4	8	5
4	3	1	5	8	6	9	2	7
2	5	8	7	4	9	3	6	1
5	6	9	2	7	8	1	4	3
8	4	7	6	3	1	5	9	2
1	2	3	9	5	4	6	7	8

p.202

2	6	3	1	9	5	7	8	4
9	4	1	7	2	8	6	3	5
8	7	5	3	6	4	2	9	1
5	1	6	8	7	2	9	4	3
7	3	8	9	4	1	5	6	2
4	9	2	5	3	6	1	7	8
3	5	7	4	1	9	8	2	6
6	8	4	2	5	7	3	1	9
1	2	9	6	8	3	4	5	7

p.203

7	6	8	1	9	2	4	5	3
1	9	5	3	4	8	7	6	2
2	4	3	6	7	5	1	8	9
8	1	4	2	5	3	9	7	6
5	3	9	7	1	6	2	4	8
6	2	7	9	8	4	3	1	5
3	5	6	4	2	1	8	9	7
9	8	1	5	3	7	6	2	4
4	7	2	8	6	9	5	3	1

p.204

9	5	1	6	7	8	2	4	3
3	8	4	5	2	9	1	6	7
7	6	2	4	3	1	8	5	9
8	3	9	7	4	2	5	1	6
1	4	6	3	8	5	9	7	2
2	7	5	9	1	6	4	3	8
6	9	3	8	5	4	7	2	1
5	1	7	2	9	3	6	8	4
4	2	8	1	6	7	3	9	5

p.205

3	7	6	4	5	9	1	2	8
5	8	2	3	6	1	9	4	7
1	9	4	8	7	2	3	6	5
9	4	3	7	2	8	6	5	1
6	2	5	1	3	4	8	7	9
8	1	7	6	9	5	4	3	2
7	3	1	5	8	6	2	9	4
4	6	9	2	1	7	5	8	3
2	5	8	9	4	3	7	1	6

p.206

8	3	6	1	4	7	5	2	9
4	1	2	6	9	5	7	8	3
9	5	7	3	2	8	6	1	4
5	2	3	4	6	1	9	7	8
1	6	8	7	5	9	4	3	2
7	4	9	2	8	3	1	5	6
6	9	1	5	3	2	8	4	7
3	7	4	8	1	6	2	9	5
2	8	5	9	7	4	3	6	1

p.207

1	2	8	6	4	5	7	3	9
7	4	5	3	9	8	2	6	1
9	6	3	7	1	2	8	4	5
2	9	7	8	3	6	5	1	4
8	3	1	4	5	9	6	2	7
6	5	4	1	2	7	3	9	8
4	7	9	2	8	3	1	5	6
5	8	2	9	6	1	4	7	3
3	1	6	5	7	4	9	8	2

p.208

6	2	3	1	4	8	9	7	5
5	9	1	6	2	7	3	8	4
8	7	4	3	9	5	2	1	6
2	8	5	9	6	1	7	4	3
3	1	9	8	7	4	5	6	2
7	4	6	5	3	2	8	9	1
1	6	8	7	5	3	4	2	9
4	3	7	2	1	9	6	5	8
9	5	2	4	8	6	1	3	7

p.209

3	4	2	6	5	8	7	9	1
9	7	6	1	2	4	5	8	3
1	5	8	9	7	3	4	6	2
2	6	4	5	8	9	1	3	7
7	3	9	2	6	1	8	5	4
5	8	1	3	4	7	9	2	6
6	9	7	4	3	5	2	1	8
8	2	5	7	1	6	3	4	9
4	1	3	8	9	2	6	7	5

p.210

9	8	6	1	4	2	7	5	3
7	5	2	8	3	9	4	6	1
4	1	3	6	5	7	2	9	8
8	2	5	4	9	1	3	7	6
3	4	7	5	8	6	9	1	2
6	9	1	7	2	3	5	8	4
1	6	4	3	7	5	8	2	9
2	7	8	9	6	4	1	3	5
5	3	9	2	1	8	6	4	7

p.211

7	4	9	5	2	3	1	6	8
2	8	3	6	1	9	7	5	4
1	5	6	8	4	7	3	2	9
4	7	1	3	9	6	2	8	5
5	3	2	7	8	4	6	9	1
9	6	8	2	5	1	4	3	7
6	2	5	4	7	8	9	1	3
8	9	7	1	3	2	5	4	6
3	1	4	9	6	5	8	7	2

p.212

6	5	2	9	4	3	7	8	1
8	7	9	6	1	5	2	3	4
3	1	4	7	2	8	9	6	5
7	6	3	1	9	2	5	4	8
9	8	1	5	3	4	6	2	7
2	4	5	8	6	7	1	9	3
1	2	7	3	8	9	4	5	6
5	9	8	4	7	6	3	1	2
4	3	6	2	5	1	8	7	9

p.213

8	3	5	1	4	9	6	2	7
9	7	4	6	2	5	8	3	1
1	2	6	7	3	8	9	5	4
3	1	2	9	5	6	4	7	8
7	4	9	8	1	2	5	6	3
5	6	8	4	7	3	2	1	9
4	5	3	2	9	1	7	8	6
6	9	1	5	8	7	3	4	2
2	8	7	3	6	4	1	9	5

p.214

3	8	1	2	4	7	9	5	6
2	6	7	9	1	5	3	8	4
9	5	4	3	8	6	7	2	1
7	9	6	5	2	1	8	4	3
5	3	8	7	6	4	1	9	2
1	4	2	8	3	9	6	7	5
4	7	3	6	9	2	5	1	8
6	2	5	1	7	8	4	3	9
8	1	9	4	5	3	2	6	7

p.215

6	1	4	2	7	3	9	5	8
9	7	2	1	5	8	3	6	4
8	3	5	9	6	4	2	1	7
7	6	1	8	3	9	5	4	2
3	4	9	5	1	2	7	8	6
2	5	8	7	4	6	1	9	3
5	8	3	4	9	7	6	2	1
4	9	6	3	2	1	8	7	5
1	2	7	6	8	5	4	3	9

p.216

4	2	5	9	3	1	6	7	8
7	3	8	2	4	6	5	9	1
6	1	9	7	5	8	3	2	4
9	4	1	6	2	3	7	8	5
2	8	3	1	7	5	4	6	9
5	6	7	4	8	9	1	3	2
1	7	2	8	6	4	9	5	3
3	9	6	5	1	2	8	4	7
8	5	4	3	9	7	2	1	6

p.217

2	4	6	5	7	9	3	8	1
7	1	9	3	8	2	6	5	4
8	3	5	4	1	6	7	2	9
4	6	2	8	9	7	1	3	5
9	5	3	1	2	4	8	6	7
1	7	8	6	3	5	4	9	2
6	8	7	9	5	1	2	4	3
5	2	4	7	6	3	9	1	8
3	9	1	2	4	8	5	7	6

p.218

9	3	1	2	6	5	4	8	7
2	7	8	3	1	4	6	5	9
4	5	6	9	8	7	2	3	1
5	6	7	4	9	1	8	2	3
1	9	2	8	5	3	7	6	4
3	8	4	6	7	2	9	1	5
8	2	3	5	4	9	1	7	6
6	1	9	7	3	8	5	4	2
7	4	5	1	2	6	3	9	8

p.219

3	2	4	9	6	5	8	7	1
5	8	6	4	1	7	3	2	9
1	7	9	2	3	8	4	6	5
8	4	3	7	9	2	1	5	6
2	9	5	6	4	1	7	8	3
6	1	7	8	5	3	2	9	4
7	6	1	5	8	4	9	3	2
9	3	8	1	2	6	5	4	7
4	5	2	3	7	9	6	1	8

p.220

6	7	9	2	3	8	4	1	5
3	8	2	4	5	1	7	6	9
4	1	5	6	7	9	2	3	8
1	2	4	9	6	3	8	5	7
8	5	6	7	1	2	3	9	4
7	9	3	5	8	4	1	2	6
9	3	7	8	2	6	5	4	1
2	6	8	1	4	5	9	7	3
5	4	1	3	9	7	6	8	2

p.221

7	4	1	9	8	2	6	5	3
6	5	9	3	1	7	2	4	8
2	8	3	6	5	4	9	7	1
3	9	7	4	2	1	5	8	6
1	2	4	8	6	5	7	3	9
5	6	8	7	9	3	4	1	2
8	1	2	5	7	6	3	9	4
4	7	6	1	3	9	8	2	5
9	3	5	2	4	8	1	6	7

p.222

4	2	8	6	3	9	5	1	7
7	1	6	5	2	8	9	4	3
3	9	5	4	1	7	6	2	8
9	4	2	7	8	6	3	5	1
1	8	7	3	5	2	4	9	6
6	5	3	1	9	4	7	8	2
2	6	4	9	7	1	8	3	5
8	3	9	2	6	5	1	7	4
5	7	1	8	4	3	2	6	9

p.223

5	3	7	1	9	4	6	2	8
4	8	9	5	6	2	3	7	1
1	6	2	3	8	7	5	9	4
7	1	8	4	3	9	2	6	5
2	9	5	7	1	6	4	8	3
6	4	3	2	5	8	9	1	7
9	7	6	8	4	5	1	3	2
8	5	1	9	2	3	7	4	6
3	2	4	6	7	1	8	5	9

p.224

2	8	9	3	5	7	1	4	6
1	7	4	2	9	6	8	5	3
5	3	6	8	4	1	7	9	2
3	4	8	5	1	2	6	7	9
7	2	5	6	8	9	3	1	4
9	6	1	4	7	3	2	8	5
8	9	2	1	3	4	5	6	7
6	5	7	9	2	8	4	3	1
4	1	3	7	6	5	9	2	8

p.225

3	5	2	4	7	1	8	6	9
1	7	9	8	3	6	4	5	2
8	6	4	9	5	2	1	3	7
7	8	3	2	6	4	9	1	5
6	4	1	5	9	3	7	2	8
2	9	5	7	1	8	3	4	6
9	1	7	6	4	5	2	8	3
4	2	6	3	8	7	5	9	1
5	3	8	1	2	9	6	7	4

p.226

1	4	3	2	5	6	9	7	8
7	6	2	4	9	8	5	3	1
5	9	8	1	7	3	4	6	2
3	2	9	8	4	5	6	1	7
8	5	6	3	1	7	2	9	4
4	7	1	6	2	9	3	8	5
2	3	4	7	6	1	8	5	9
9	8	7	5	3	2	1	4	6
6	1	5	9	8	4	7	2	3

p.227

5	4	6	2	3	9	8	7	1
1	7	9	8	6	4	2	5	3
8	2	3	1	7	5	9	4	6
7	3	1	5	8	2	6	9	4
2	5	4	9	1	6	7	3	8
6	9	8	7	4	3	1	2	5
4	8	5	6	2	7	3	1	9
3	1	2	4	9	8	5	6	7
9	6	7	3	5	1	4	8	2

p.228

1	8	4	3	7	2	6	9	5
2	6	7	5	1	9	8	4	3
3	5	9	8	4	6	2	1	7
8	9	1	4	6	3	5	7	2
7	4	3	2	8	5	9	6	1
5	2	6	1	9	7	3	8	4
9	7	2	6	3	4	1	5	8
6	3	8	7	5	1	4	2	9
4	1	5	9	2	8	7	3	6

p.229

3	9	5	4	7	8	6	2	1
1	7	2	6	3	5	8	4	9
4	8	6	2	9	1	7	5	3
7	2	1	5	4	3	9	6	8
9	3	4	1	8	6	2	7	5
6	5	8	9	2	7	1	3	4
8	4	7	3	6	9	5	1	2
2	1	9	7	5	4	3	8	6
5	6	3	8	1	2	4	9	7

p.230

5	7	6	8	9	4	3	2	1
4	2	3	6	1	7	5	9	8
9	8	1	5	2	3	7	6	4
1	9	4	2	3	5	8	7	6
3	6	2	7	4	8	1	5	9
8	5	7	9	6	1	4	3	2
2	3	5	4	8	6	9	1	7
7	4	9	1	5	2	6	8	3
6	1	8	3	7	9	2	4	5

p.231

4	5	7	8	1	9	2	6	3
6	8	2	4	3	7	9	5	1
1	3	9	5	2	6	8	4	7
8	2	5	9	6	1	3	7	4
7	1	6	3	8	4	5	2	9
9	4	3	7	5	2	1	8	6
5	6	1	2	7	3	4	9	8
2	7	4	1	9	8	6	3	5
3	9	8	6	4	5	7	1	2

p.232

6	2	3	4	9	8	7	1	5
8	9	1	6	7	5	4	3	2
5	4	7	3	1	2	6	9	8
7	8	6	9	3	4	5	2	1
9	1	2	8	5	7	3	4	6
4	3	5	2	6	1	8	7	9
1	7	4	5	8	9	2	6	3
2	6	8	1	4	3	9	5	7
3	5	9	7	2	6	1	8	4

p.233

6	9	7	2	5	8	1	3	4
1	4	2	7	3	6	5	9	8
5	8	3	9	4	1	6	7	2
9	5	1	6	2	3	4	8	7
7	2	8	5	9	4	3	6	1
3	6	4	8	1	7	9	2	5
8	7	5	4	6	9	2	1	3
4	1	6	3	8	2	7	5	9
2	3	9	1	7	5	8	4	6

p.234

1	2	8	5	9	7	6	3	4
6	9	7	1	3	4	8	2	5
3	5	4	6	8	2	9	1	7
2	4	5	3	1	6	7	8	9
8	1	6	7	2	9	5	4	3
7	3	9	8	4	5	1	6	2
4	7	2	9	6	8	3	5	1
5	8	3	2	7	1	4	9	6
9	6	1	4	5	3	2	7	8

p.235

3	8	4	2	7	5	9	6	1
6	1	9	8	3	4	7	2	5
5	7	2	1	6	9	3	4	8
7	2	8	3	9	6	5	1	4
4	5	1	7	2	8	6	9	3
9	6	3	4	5	1	8	7	2
2	9	6	5	4	3	1	8	7
1	4	5	6	8	7	2	3	9
8	3	7	9	1	2	4	5	6

p.236

5	9	4	1	6	2	8	7	3
7	2	6	9	3	8	5	4	1
1	8	3	7	5	4	6	2	9
3	5	1	8	4	9	7	6	2
9	6	2	3	7	5	4	1	8
8	4	7	2	1	6	3	9	5
6	1	5	4	2	3	9	8	7
4	7	9	5	8	1	2	3	6
2	3	8	6	9	7	1	5	4

p.237

8	5	9	7	4	6	3	1	2
4	6	2	1	8	3	9	7	5
3	1	7	2	9	5	6	4	8
6	3	4	9	7	2	8	5	1
7	2	8	6	5	1	4	9	3
1	9	5	8	3	4	2	6	7
5	7	6	3	2	9	1	8	4
2	8	1	4	6	7	5	3	9
9	4	3	5	1	8	7	2	6

p.238

1	4	7	5	9	6	8	2	3
9	3	5	8	2	1	6	4	7
8	6	2	7	4	3	5	1	9
4	9	1	2	7	5	3	8	6
2	8	3	9	6	4	7	5	1
5	7	6	1	3	8	2	9	4
6	2	8	3	1	9	4	7	5
3	5	9	4	8	7	1	6	2
7	1	4	6	5	2	9	3	8

p.239

5	6	2	4	8	3	1	9	7
4	9	3	1	7	2	8	5	6
7	8	1	9	5	6	4	2	3
9	7	8	3	4	5	2	6	1
3	4	5	6	2	1	9	7	8
1	2	6	7	9	8	3	4	5
2	3	7	8	6	4	5	1	9
6	1	4	5	3	9	7	8	2
8	5	9	2	1	7	6	3	4

p.240

7	3	9	2	6	5	1	4	8
1	5	8	4	7	9	2	6	3
4	2	6	1	3	8	7	5	9
2	8	5	7	9	4	6	3	1
3	1	7	8	5	6	4	9	2
6	9	4	3	1	2	8	7	5
5	6	1	9	8	7	3	2	4
8	7	2	5	4	3	9	1	6
9	4	3	6	2	1	5	8	7

p.241

4	5	2	9	7	3	8	1	6
6	8	7	1	4	2	3	5	9
1	3	9	8	6	5	2	4	7
7	2	6	3	8	4	1	9	5
3	9	4	5	1	6	7	2	8
5	1	8	2	9	7	6	3	4
8	7	1	4	2	9	5	6	3
9	6	3	7	5	1	4	8	2
2	4	5	6	3	8	9	7	1

p.242

7	4	3	1	5	9	6	8	2
5	1	2	8	3	6	7	4	9
8	9	6	2	4	7	1	3	5
4	2	7	3	1	8	9	5	6
9	3	5	6	7	4	2	1	8
1	6	8	9	2	5	3	7	4
2	7	4	5	6	1	8	9	3
3	8	1	4	9	2	5	6	7
6	5	9	7	8	3	4	2	1

p.243

4	9	3	5	8	1	6	7	2
1	2	8	3	6	7	4	9	5
5	6	7	9	4	2	3	1	8
3	8	6	1	2	4	9	5	7
9	5	4	8	7	3	2	6	1
2	7	1	6	9	5	8	3	4
6	1	9	4	5	8	7	2	3
8	3	2	7	1	6	5	4	9
7	4	5	2	3	9	1	8	6

p.244

7	6	3	1	9	2	5	8	4
9	2	1	5	8	4	6	3	7
4	8	5	7	6	3	1	2	9
1	3	7	4	5	9	2	6	8
5	4	2	6	1	8	7	9	3
6	9	8	3	2	7	4	5	1
8	5	6	9	4	1	3	7	2
3	1	9	2	7	6	8	4	5
2	7	4	8	3	5	9	1	6

p.245

2	1	5	8	4	9	7	6	3
6	9	4	3	7	2	1	8	5
7	8	3	5	1	6	2	9	4
4	7	1	6	8	5	3	2	9
9	6	2	7	3	4	8	5	1
5	3	8	2	9	1	4	7	6
3	2	9	1	6	8	5	4	7
1	5	6	4	2	7	9	3	8
8	4	7	9	5	3	6	1	2

p.246

8	6	5	3	7	2	4	1	9
9	7	3	5	1	4	6	2	8
2	1	4	9	6	8	3	5	7
4	2	6	7	9	1	5	8	3
3	8	7	4	2	5	9	6	1
5	9	1	8	3	6	7	4	2
7	4	8	2	5	9	1	3	6
1	3	2	6	4	7	8	9	5
6	5	9	1	8	3	2	7	4

p.247

7	4	5	9	2	8	1	6	3
1	3	9	7	5	6	8	4	2
2	6	8	1	3	4	9	7	5
6	5	1	3	8	9	4	2	7
4	9	2	6	7	5	3	8	1
8	7	3	4	1	2	5	9	6
9	1	4	5	6	7	2	3	8
5	2	7	8	9	3	6	1	4
3	8	6	2	4	1	7	5	9

p.248

6	3	7	1	4	8	5	9	2
9	8	2	5	3	6	4	7	1
4	5	1	2	9	7	3	8	6
7	1	9	3	6	5	8	2	4
3	4	5	7	8	2	1	6	9
8	2	6	9	1	4	7	5	3
1	7	4	8	2	9	6	3	5
2	6	8	4	5	3	9	1	7
5	9	3	6	7	1	2	4	8

p.249

9	2	6	7	3	4	8	5	1
5	3	4	1	8	6	9	7	2
8	1	7	2	9	5	6	4	3
7	9	2	4	6	3	1	8	5
1	8	3	5	7	2	4	6	9
4	6	5	9	1	8	2	3	7
6	5	9	8	2	7	3	1	4
3	4	1	6	5	9	7	2	8
2	7	8	3	4	1	5	9	6

p.250

3	5	4	7	2	8	1	6	9
8	2	9	6	1	3	5	4	7
7	6	1	4	9	5	3	2	8
6	9	8	1	3	7	4	5	2
1	4	2	5	8	9	7	3	6
5	7	3	2	4	6	9	8	1
4	1	5	8	7	2	6	9	3
9	8	7	3	6	4	2	1	5
2	3	6	9	5	1	8	7	4

p.251

1	2	5	6	7	8	9	4	3
7	6	3	9	1	4	2	8	5
4	8	9	2	5	3	7	1	6
5	4	2	1	9	7	3	6	8
8	9	7	5	3	6	1	2	4
3	1	6	4	8	2	5	9	7
9	5	8	3	4	1	6	7	2
6	3	4	7	2	9	8	5	1
2	7	1	8	6	5	4	3	9

p.252

6	5	7	9	2	3	4	8	1
3	2	9	4	1	8	7	5	6
8	4	1	5	7	6	3	2	9
2	6	3	7	4	5	9	1	8
4	1	8	3	6	9	5	7	2
9	7	5	1	8	2	6	4	3
7	9	6	8	5	1	2	3	4
5	8	2	6	3	4	1	9	7
1	3	4	2	9	7	8	6	5

p.253

4	6	9	3	8	2	1	7	5
2	1	5	7	4	9	8	3	6
7	3	8	5	6	1	4	2	9
8	5	4	2	1	6	3	9	7
9	2	3	8	7	4	6	5	1
6	7	1	9	3	5	2	4	8
1	9	2	6	5	3	7	8	4
5	8	6	4	2	7	9	1	3
3	4	7	1	9	8	5	6	2

p.254

8	9	1	6	4	3	7	2	5
7	6	4	2	5	9	3	1	8
2	3	5	1	7	8	9	6	4
5	7	6	4	9	1	2	8	3
9	8	2	3	6	5	4	7	1
4	1	3	7	8	2	6	5	9
3	4	8	5	2	7	1	9	6
6	5	7	9	1	4	8	3	2
1	2	9	8	3	6	5	4	7

p.255

3	5	2	6	1	4	9	7	8
1	9	7	2	5	8	6	3	4
8	6	4	3	9	7	1	5	2
7	2	3	9	8	5	4	1	6
9	4	5	1	2	6	7	8	3
6	1	8	4	7	3	5	2	9
4	8	1	5	3	9	2	6	7
2	3	6	7	4	1	8	9	5
5	7	9	8	6	2	3	4	1

p.256

8	3	5	9	7	4	6	2	1
4	9	6	2	1	8	5	3	7
1	7	2	6	5	3	4	9	8
5	2	4	8	9	1	3	7	6
3	1	8	5	6	7	2	4	9
9	6	7	3	4	2	1	8	5
7	4	9	1	2	6	8	5	3
2	8	1	7	3	5	9	6	4
6	5	3	4	8	9	7	1	2

p.257

9	3	6	7	8	4	1	5	2
2	4	1	5	6	9	3	7	8
8	5	7	1	2	3	4	6	9
1	2	3	9	4	5	7	8	6
4	9	8	6	7	2	5	3	1
7	6	5	3	1	8	2	9	4
6	7	2	8	5	1	9	4	3
3	8	4	2	9	7	6	1	5
5	1	9	4	3	6	8	2	7

p.258

3	1	4	8	7	9	5	2	6
8	2	7	3	6	5	9	4	1
6	5	9	4	2	1	3	8	7
4	8	6	5	9	3	7	1	2
5	3	2	7	1	6	8	9	4
7	9	1	2	4	8	6	5	3
9	4	8	1	3	7	2	6	5
2	6	3	9	5	4	1	7	8
1	7	5	6	8	2	4	3	9

p.259

4	7	1	3	2	8	6	5	9
3	2	5	9	1	6	8	7	4
9	6	8	5	7	4	3	2	1
8	3	4	7	6	1	5	9	2
5	1	6	2	9	3	7	4	8
7	9	2	4	8	5	1	6	3
1	5	7	8	4	2	9	3	6
2	8	9	6	3	7	4	1	5
6	4	3	1	5	9	2	8	7

p.260

7	6	5	2	9	1	3	4	8
1	4	9	3	6	8	2	7	5
3	2	8	7	5	4	6	9	1
5	8	6	4	1	9	7	3	2
4	7	1	8	3	2	5	6	9
2	9	3	5	7	6	8	1	4
6	5	4	1	8	7	9	2	3
8	1	7	9	2	3	4	5	6
9	3	2	6	4	5	1	8	7

p.261

4	2	3	9	5	7	6	1	8
1	9	6	8	3	2	5	4	7
5	7	8	6	4	1	2	9	3
7	1	4	5	6	8	9	3	2
2	6	9	4	7	3	1	8	5
3	8	5	2	1	9	4	7	6
9	4	7	3	2	5	8	6	1
8	3	2	1	9	6	7	5	4
6	5	1	7	8	4	3	2	9

p.262

3	8	5	1	7	6	4	9	2
2	1	6	3	4	9	5	8	7
7	9	4	5	8	2	6	3	1
1	5	7	8	6	4	9	2	3
4	2	3	9	5	1	8	7	6
8	6	9	2	3	7	1	5	4
9	3	2	6	1	8	7	4	5
6	7	8	4	2	5	3	1	9
5	4	1	7	9	3	2	6	8

p.263

2	9	5	1	8	7	3	4	6
7	6	3	5	4	2	9	1	8
4	8	1	3	6	9	5	7	2
1	7	8	4	3	5	6	2	9
9	3	4	7	2	6	1	8	5
5	2	6	8	9	1	7	3	4
3	5	9	2	1	8	4	6	7
6	1	2	9	7	4	8	5	3
8	4	7	6	5	3	2	9	1

p.264

4	8	6	9	3	5	2	7	1
1	9	3	7	8	2	4	5	6
5	7	2	6	1	4	3	8	9
9	6	5	4	2	1	7	3	8
7	3	4	8	5	9	1	6	2
8	2	1	3	6	7	5	9	4
3	1	9	5	4	8	6	2	7
2	5	7	1	9	6	8	4	3
6	4	8	2	7	3	9	1	5

p.265

7	1	2	9	8	3	5	6	4
6	5	8	7	4	2	1	3	9
9	4	3	5	6	1	8	7	2
8	6	4	1	3	5	2	9	7
1	9	5	2	7	6	4	8	3
3	2	7	8	9	4	6	1	5
5	7	1	6	2	9	3	4	8
4	8	6	3	5	7	9	2	1
2	3	9	4	1	8	7	5	6

p.266

9	2	8	1	7	6	4	3	5
1	3	6	4	5	2	9	8	7
5	7	4	8	3	9	1	2	6
4	9	2	5	1	8	6	7	3
8	1	3	7	6	4	5	9	2
7	6	5	9	2	3	8	1	4
3	4	9	2	8	5	7	6	1
6	8	1	3	4	7	2	5	9
2	5	7	6	9	1	3	4	8

p.267

6	4	1	5	9	7	8	2	3
5	3	7	2	6	8	9	1	4
9	2	8	3	1	4	5	7	6
7	9	6	1	5	3	4	8	2
2	8	5	7	4	6	3	9	1
3	1	4	9	8	2	6	5	7
1	5	3	6	7	9	2	4	8
8	7	2	4	3	5	1	6	9
4	6	9	8	2	1	7	3	5

p.268

8	9	7	4	1	2	3	5	6
4	6	3	8	5	9	2	1	7
5	1	2	7	3	6	4	8	9
1	2	4	3	7	5	6	9	8
9	7	8	2	6	4	1	3	5
3	5	6	1	9	8	7	4	2
6	8	1	5	4	7	9	2	3
2	3	9	6	8	1	5	7	4
7	4	5	9	2	3	8	6	1

p.269

9	7	6	8	1	4	3	5	2
5	1	3	2	6	9	7	4	8
8	4	2	7	3	5	9	1	6
7	5	4	6	8	2	1	3	9
1	2	8	3	9	7	5	6	4
6	3	9	4	5	1	2	8	7
2	8	7	1	4	3	6	9	5
3	6	5	9	2	8	4	7	1
4	9	1	5	7	6	8	2	3

p.270

1	5	8	2	7	9	3	6	4
9	4	2	6	3	1	5	7	8
3	7	6	8	5	4	2	1	9
8	2	3	9	1	6	4	5	7
6	1	4	5	2	7	8	9	3
5	9	7	4	8	3	6	2	1
7	6	5	1	4	8	9	3	2
2	8	1	3	9	5	7	4	6
4	3	9	7	6	2	1	8	5

p.271

7	9	8	1	2	6	5	3	4
2	1	5	4	7	3	9	6	8
6	3	4	9	5	8	1	7	2
5	6	3	2	8	7	4	1	9
1	7	2	6	9	4	3	8	5
8	4	9	5	3	1	6	2	7
9	2	1	8	6	5	7	4	3
4	5	7	3	1	2	8	9	6
3	8	6	7	4	9	2	5	1

p.272

7	8	6	1	5	9	3	4	2
5	4	9	2	8	3	1	7	6
3	2	1	7	4	6	9	5	8
1	6	8	3	2	4	5	9	7
9	5	3	6	7	8	4	2	1
2	7	4	9	1	5	6	8	3
4	3	7	8	9	1	2	6	5
8	1	5	4	6	2	7	3	9
6	9	2	5	3	7	8	1	4

p.273

4	2	9	7	3	8	6	5	1
8	7	1	5	2	6	4	3	9
6	5	3	9	4	1	2	8	7
7	3	6	4	5	9	8	1	2
2	1	8	3	6	7	5	9	4
5	9	4	8	1	2	3	7	6
3	4	2	1	9	5	7	6	8
1	8	5	6	7	4	9	2	3
9	6	7	2	8	3	1	4	5

p.274

1	4	2	3	6	5	7	8	9
5	3	6	9	7	8	1	2	4
8	7	9	4	1	2	6	3	5
7	2	1	6	8	9	4	5	3
4	6	8	5	3	7	9	1	2
3	9	5	1	2	4	8	6	7
6	8	7	2	4	3	5	9	1
9	1	3	7	5	6	2	4	8
2	5	4	8	9	1	3	7	6

p.275

3	1	4	2	7	6	9	8	5
2	8	9	1	4	5	7	3	6
7	6	5	3	9	8	1	2	4
8	7	2	4	5	1	6	9	3
9	4	3	8	6	7	5	1	2
1	5	6	9	3	2	4	7	8
4	3	1	5	2	9	8	6	7
6	2	8	7	1	4	3	5	9
5	9	7	6	8	3	2	4	1

p.276

3	1	7	6	5	8	9	2	4
2	8	4	7	1	9	6	5	3
9	5	6	2	3	4	8	1	7
1	7	9	4	8	6	5	3	2
5	6	2	3	9	7	4	8	1
4	3	8	5	2	1	7	6	9
7	4	1	8	6	3	2	9	5
8	2	3	9	7	5	1	4	6
6	9	5	1	4	2	3	7	8

p.277

1	5	6	3	8	7	2	9	4
9	8	3	2	4	5	7	1	6
7	4	2	6	9	1	3	8	5
8	3	9	1	6	4	5	7	2
4	6	7	9	5	2	8	3	1
5	2	1	8	7	3	6	4	9
2	9	8	7	1	6	4	5	3
3	1	4	5	2	8	9	6	7
6	7	5	4	3	9	1	2	8

p.278

8	5	1	7	6	9	2	3	4
4	6	3	5	2	1	8	7	9
7	2	9	4	8	3	1	5	6
3	4	8	6	1	7	9	2	5
1	9	6	8	5	2	3	4	7
5	7	2	9	3	4	6	8	1
6	1	5	3	4	8	7	9	2
9	8	4	2	7	6	5	1	3
2	3	7	1	9	5	4	6	8

p.279

6	5	2	3	1	8	9	4	7
3	7	1	4	5	9	2	8	6
9	8	4	2	7	6	3	5	1
5	2	7	1	4	3	8	6	9
8	9	3	5	6	7	1	2	4
1	4	6	9	8	2	5	7	3
4	3	5	7	2	1	6	9	8
7	1	8	6	9	5	4	3	2
2	6	9	8	3	4	7	1	5

p.280

5	8	4	7	6	3	2	9	1
3	1	6	9	2	8	4	5	7
9	7	2	5	1	4	8	6	3
4	3	5	6	8	9	1	7	2
7	2	9	1	3	5	6	8	4
8	6	1	4	7	2	9	3	5
1	9	7	2	5	6	3	4	8
2	4	8	3	9	7	5	1	6
6	5	3	8	4	1	7	2	9

p.281

6	3	4	2	5	1	9	8	7
7	2	9	4	8	3	5	6	1
8	1	5	9	7	6	3	4	2
3	6	2	1	4	5	7	9	8
5	8	1	7	6	9	2	3	4
4	9	7	3	2	8	1	5	6
9	7	8	5	1	4	6	2	3
1	5	6	8	3	2	4	7	9
2	4	3	6	9	7	8	1	5

p.282

4	8	6	2	1	5	9	3	7
1	5	7	3	8	9	6	2	4
9	3	2	7	6	4	5	8	1
2	7	5	1	3	6	8	4	9
6	1	3	9	4	8	7	5	2
8	9	4	5	2	7	3	1	6
3	6	8	4	9	2	1	7	5
5	4	9	8	7	1	2	6	3
7	2	1	6	5	3	4	9	8

p.283

8	2	1	6	7	4	9	3	5
7	4	3	9	5	8	6	1	2
9	6	5	2	3	1	8	7	4
4	3	2	8	9	6	1	5	7
5	8	7	1	4	3	2	9	6
1	9	6	5	2	7	4	8	3
6	5	9	7	8	2	3	4	1
3	1	8	4	6	5	7	2	9
2	7	4	3	1	9	5	6	8

p.284

3	5	6	4	2	1	7	9	8
9	7	8	6	5	3	1	4	2
4	2	1	7	9	8	3	6	5
1	6	9	2	8	7	4	5	3
8	3	7	1	4	5	9	2	6
5	4	2	9	3	6	8	1	7
2	8	3	5	1	4	6	7	9
7	1	5	3	6	9	2	8	4
6	9	4	8	7	2	5	3	1

p.285

3	2	7	4	8	1	5	6	9
9	1	8	7	6	5	4	3	2
5	4	6	9	3	2	1	7	8
1	3	2	5	9	6	7	8	4
6	8	9	3	4	7	2	5	1
7	5	4	1	2	8	3	9	6
8	9	5	2	7	4	6	1	3
2	6	1	8	5	3	9	4	7
4	7	3	6	1	9	8	2	5

p.286

7	1	8	5	4	6	9	2	3
4	5	2	9	3	8	6	1	7
9	6	3	2	1	7	8	5	4
5	8	7	3	6	2	4	9	1
1	2	9	8	5	4	3	7	6
3	4	6	7	9	1	5	8	2
8	3	1	4	2	5	7	6	9
2	7	4	6	8	9	1	3	5
6	9	5	1	7	3	2	4	8

p.287

4	8	3	9	6	5	2	7	1
1	6	9	3	7	2	5	8	4
7	2	5	1	4	8	9	3	6
5	3	4	7	8	9	1	6	2
6	9	1	2	3	4	7	5	8
8	7	2	6	5	1	3	4	9
2	5	7	4	9	6	8	1	3
3	1	6	8	2	7	4	9	5
9	4	8	5	1	3	6	2	7

p.288

3	9	5	4	1	6	8	2	7
6	4	8	7	5	2	9	1	3
2	7	1	9	8	3	6	5	4
7	1	3	5	6	8	4	9	2
9	6	2	1	4	7	3	8	5
5	8	4	2	3	9	7	6	1
4	3	9	6	2	5	1	7	8
8	2	6	3	7	1	5	4	9
1	5	7	8	9	4	2	3	6

p.289

9	8	2	4	7	1	6	3	5
7	4	1	5	6	3	9	2	8
6	5	3	9	8	2	7	4	1
5	3	6	7	1	9	2	8	4
2	1	9	8	3	4	5	6	7
4	7	8	6	2	5	3	1	9
3	2	5	1	9	8	4	7	6
8	6	4	2	5	7	1	9	3
1	9	7	3	4	6	8	5	2

p.290

3	1	7	2	4	8	5	9	6
2	5	4	1	9	6	3	7	8
8	6	9	3	5	7	2	4	1
6	7	1	8	2	3	4	5	9
9	2	8	5	6	4	1	3	7
4	3	5	9	7	1	8	6	2
1	4	6	7	8	5	9	2	3
5	9	3	6	1	2	7	8	4
7	8	2	4	3	9	6	1	5

p.291

2	7	3	5	1	6	8	4	9
1	8	9	3	4	2	7	6	5
4	6	5	9	8	7	3	2	1
9	5	8	2	6	3	1	7	4
3	2	4	7	5	1	6	9	8
6	1	7	4	9	8	5	3	2
5	3	6	1	2	4	9	8	7
7	4	1	8	3	9	2	5	6
8	9	2	6	7	5	4	1	3

p.292

4	5	6	8	9	3	1	7	2
9	2	7	6	1	4	5	3	8
1	3	8	7	2	5	9	6	4
6	8	1	4	7	9	2	5	3
3	4	5	2	8	6	7	9	1
2	7	9	5	3	1	4	8	6
5	9	4	1	6	8	3	2	7
8	1	2	3	5	7	6	4	9
7	6	3	9	4	2	8	1	5

p.293

5	4	9	1	7	2	8	3	6
2	6	1	5	3	8	9	4	7
8	3	7	4	6	9	2	1	5
1	8	6	3	4	5	7	9	2
4	7	5	9	2	1	6	8	3
3	9	2	6	8	7	4	5	1
6	5	8	7	1	4	3	2	9
7	1	4	2	9	3	5	6	8
9	2	3	8	5	6	1	7	4

p.294

7	9	6	4	5	1	3	2	8
1	5	8	9	2	3	7	6	4
4	3	2	6	7	8	1	5	9
2	1	9	8	3	6	4	7	5
6	7	4	1	9	5	8	3	2
3	8	5	7	4	2	9	1	6
9	4	1	2	6	7	5	8	3
5	2	7	3	8	4	6	9	1
8	6	3	5	1	9	2	4	7

p.295

6	1	9	3	2	4	7	8	5
2	7	5	9	1	8	6	3	4
4	8	3	7	6	5	2	1	9
3	4	1	2	5	9	8	7	6
9	5	8	1	7	6	3	4	2
7	6	2	8	4	3	9	5	1
5	3	4	6	8	2	1	9	7
1	9	6	5	3	7	4	2	8
8	2	7	4	9	1	5	6	3

p.296

5	2	8	3	1	4	6	7	9
3	6	4	7	9	2	1	8	5
1	7	9	8	5	6	2	4	3
2	9	7	1	6	8	5	3	4
8	1	5	2	4	3	9	6	7
4	3	6	9	7	5	8	2	1
7	8	2	5	3	9	4	1	6
9	4	3	6	8	1	7	5	2
6	5	1	4	2	7	3	9	8

p.297

8	5	7	2	6	4	3	1	9
9	3	6	1	7	5	2	8	4
1	4	2	3	9	8	6	7	5
6	8	3	9	4	1	7	5	2
2	1	9	7	5	6	8	4	3
4	7	5	8	2	3	9	6	1
5	9	1	6	3	7	4	2	8
7	2	4	5	8	9	1	3	6
3	6	8	4	1	2	5	9	7

p.298

4	9	3	8	7	2	6	5	1
1	8	6	4	3	5	9	7	2
7	2	5	6	9	1	4	8	3
3	4	2	7	1	6	8	9	5
6	7	9	5	2	8	3	1	4
8	5	1	9	4	3	2	6	7
9	3	7	1	8	4	5	2	6
5	1	4	2	6	9	7	3	8
2	6	8	3	5	7	1	4	9

p.299

7	3	8	4	9	2	6	5	1
9	4	2	5	1	6	3	8	7
6	1	5	8	3	7	2	4	9
4	7	6	1	8	3	5	9	2
3	5	1	6	2	9	8	7	4
2	8	9	7	5	4	1	3	6
5	2	3	9	4	1	7	6	8
8	6	4	2	7	5	9	1	3
1	9	7	3	6	8	4	2	5

p.300

1	8	9	3	4	5	2	6	7
4	6	5	7	9	2	3	8	1
2	7	3	8	6	1	5	9	4
7	2	4	5	3	6	8	1	9
5	9	1	2	8	4	7	3	6
8	3	6	1	7	9	4	2	5
3	5	8	6	1	7	9	4	2
6	4	2	9	5	3	1	7	8
9	1	7	4	2	8	6	5	3

p.302

1	8	4	6	9	5	3	2	7
6	2	9	7	3	8	5	4	1
3	7	5	2	4	1	9	6	8
2	6	8	3	5	4	7	1	9
5	9	3	1	6	7	2	8	4
4	1	7	8	2	9	6	5	3
9	5	2	4	1	3	8	7	6
7	3	1	5	8	6	4	9	2
8	4	6	9	7	2	1	3	5

p.303

3	8	5	2	6	7	1	4	9
9	4	2	1	3	5	7	6	8
7	1	6	9	8	4	3	5	2
4	6	3	8	5	9	2	7	1
5	9	8	7	1	2	4	3	6
2	7	1	3	4	6	9	8	5
6	2	9	5	7	3	8	1	4
1	5	7	4	9	8	6	2	3
8	3	4	6	2	1	5	9	7

p.304

8	2	3	7	1	5	9	4	6
7	4	9	8	6	3	5	1	2
6	1	5	2	9	4	3	7	8
4	6	8	3	7	1	2	5	9
9	3	7	5	4	2	8	6	1
1	5	2	9	8	6	4	3	7
5	7	4	1	2	8	6	9	3
2	9	6	4	3	7	1	8	5
3	8	1	6	5	9	7	2	4

p.305

5	9	6	8	4	3	2	1	7
3	7	8	9	2	1	6	5	4
4	2	1	5	6	7	9	3	8
7	1	3	6	9	4	5	8	2
2	8	4	7	1	5	3	6	9
9	6	5	3	8	2	4	7	1
8	5	7	2	3	9	1	4	6
1	3	2	4	7	6	8	9	5
6	4	9	1	5	8	7	2	3

p.306

6	2	7	4	9	5	8	3	1
1	8	9	7	2	3	4	6	5
3	4	5	6	8	1	2	9	7
9	6	8	5	7	4	3	1	2
4	3	1	2	6	8	7	5	9
5	7	2	1	3	9	6	4	8
8	5	6	9	4	2	1	7	3
7	9	3	8	1	6	5	2	4
2	1	4	3	5	7	9	8	6

p.307

9	3	8	1	6	4	5	2	7
6	4	5	2	9	7	8	3	1
7	1	2	3	5	8	6	9	4
2	8	6	4	7	5	3	1	9
5	9	3	8	2	1	4	7	6
1	7	4	6	3	9	2	8	5
4	2	9	5	1	3	7	6	8
8	6	7	9	4	2	1	5	3
3	5	1	7	8	6	9	4	2

p.308

9	3	1	4	5	8	7	2	6
4	6	7	9	1	2	3	8	5
5	8	2	7	3	6	4	9	1
6	9	8	3	7	4	5	1	2
1	4	5	6	2	9	8	7	3
2	7	3	1	8	5	6	4	9
7	5	9	2	4	3	1	6	8
3	1	6	8	9	7	2	5	4
8	2	4	5	6	1	9	3	7

p.309

5	6	3	7	2	4	1	9	8
2	9	7	1	8	5	6	4	3
8	4	1	3	6	9	2	7	5
1	2	9	5	3	7	8	6	4
6	7	4	9	1	8	3	5	2
3	8	5	2	4	6	7	1	9
4	3	6	8	9	1	5	2	7
9	5	8	6	7	2	4	3	1
7	1	2	4	5	3	9	8	6

p.310

7	2	9	4	3	8	5	1	6
8	3	4	1	5	6	9	2	7
6	5	1	7	2	9	8	4	3
9	4	8	5	7	2	3	6	1
1	7	5	9	6	3	4	8	2
2	6	3	8	4	1	7	9	5
4	1	6	3	9	5	2	7	8
5	9	2	6	8	7	1	3	4
3	8	7	2	1	4	6	5	9

p.311

7	2	5	1	8	4	3	9	6
4	3	8	9	5	6	1	7	2
6	1	9	7	2	3	4	8	5
5	7	6	3	9	2	8	1	4
2	9	1	8	4	5	6	3	7
8	4	3	6	7	1	5	2	9
9	5	7	4	1	8	2	6	3
3	8	4	2	6	9	7	5	1
1	6	2	5	3	7	9	4	8

p.312

4	6	9	1	2	5	8	7	3
8	2	5	4	3	7	9	6	1
1	3	7	6	8	9	5	2	4
7	1	8	3	6	2	4	9	5
3	5	2	9	7	4	6	1	8
6	9	4	5	1	8	7	3	2
2	4	6	7	5	3	1	8	9
5	8	1	2	9	6	3	4	7
9	7	3	8	4	1	2	5	6

p.313

4	9	8	6	7	1	3	5	2
1	7	3	2	5	8	4	9	6
5	2	6	4	9	3	8	1	7
2	5	4	8	1	9	6	7	3
8	1	9	3	6	7	5	2	4
3	6	7	5	4	2	9	8	1
7	8	2	9	3	4	1	6	5
6	3	1	7	8	5	2	4	9
9	4	5	1	2	6	7	3	8

p.314

5	6	8	9	3	4	2	1	7
3	7	4	8	2	1	6	9	5
9	2	1	6	7	5	3	4	8
6	3	5	1	4	7	8	2	9
1	8	2	3	5	9	7	6	4
4	9	7	2	8	6	5	3	1
8	1	6	7	9	3	4	5	2
7	5	3	4	1	2	9	8	6
2	4	9	5	6	8	1	7	3

p.315

8	5	4	6	2	3	9	1	7
3	7	1	8	9	4	5	6	2
2	9	6	7	1	5	8	4	3
6	8	2	3	5	1	7	9	4
5	4	9	2	7	8	6	3	1
1	3	7	9	4	6	2	5	8
4	1	8	5	6	2	3	7	9
9	2	5	1	3	7	4	8	6
7	6	3	4	8	9	1	2	5

p.316

7	6	8	9	1	2	3	5	4
3	2	9	7	5	4	8	6	1
1	4	5	6	8	3	9	7	2
9	3	2	5	4	1	7	8	6
8	7	4	2	3	6	5	1	9
5	1	6	8	9	7	2	4	3
4	9	3	1	7	5	6	2	8
2	5	1	3	6	8	4	9	7
6	8	7	4	2	9	1	3	5

p.317

8	3	5	2	9	1	7	4	6
2	6	1	4	3	7	8	5	9
9	4	7	8	6	5	1	2	3
3	5	6	7	2	4	9	1	8
1	9	4	5	8	3	2	6	7
7	2	8	9	1	6	4	3	5
4	8	3	1	5	9	6	7	2
5	1	9	6	7	2	3	8	4
6	7	2	3	4	8	5	9	1

p.318

8	4	7	5	1	2	6	9	3
2	3	6	9	8	4	1	7	5
5	9	1	7	6	3	8	2	4
6	1	2	3	5	7	9	4	8
3	7	9	2	4	8	5	1	6
4	8	5	1	9	6	2	3	7
7	5	3	6	2	9	4	8	1
9	6	4	8	7	1	3	5	2
1	2	8	4	3	5	7	6	9

p.319

5	6	2	1	3	4	9	7	8
4	1	7	9	2	8	6	3	5
9	8	3	5	7	6	2	1	4
7	5	6	8	9	3	1	4	2
1	3	8	4	5	2	7	6	9
2	4	9	6	1	7	8	5	3
3	7	1	2	4	9	5	8	6
8	2	5	3	6	1	4	9	7
6	9	4	7	8	5	3	2	1

p.320

1	4	8	2	3	5	6	7	9
3	2	5	7	6	9	4	1	8
9	7	6	4	1	8	3	2	5
6	5	7	8	9	2	1	3	4
4	1	3	5	7	6	8	9	2
2	8	9	3	4	1	7	5	6
5	6	1	9	8	7	2	4	3
7	3	2	6	5	4	9	8	1
8	9	4	1	2	3	5	6	7

p.321

3	7	1	9	2	6	4	5	8
4	5	6	8	7	3	2	9	1
2	8	9	1	5	4	7	6	3
8	4	5	2	3	7	9	1	6
1	2	3	4	6	9	5	8	7
9	6	7	5	1	8	3	4	2
6	9	2	7	4	1	8	3	5
5	3	4	6	8	2	1	7	9
7	1	8	3	9	5	6	2	4

p.322

5	8	9	3	2	6	7	4	1
2	7	3	4	1	8	5	6	9
6	1	4	5	9	7	8	3	2
9	2	1	7	6	4	3	5	8
7	6	5	2	8	3	1	9	4
4	3	8	9	5	1	6	2	7
1	5	2	6	7	9	4	8	3
3	9	7	8	4	5	2	1	6
8	4	6	1	3	2	9	7	5

p.323

5	9	7	1	2	6	4	3	8
4	1	2	9	8	3	5	7	6
8	6	3	7	5	4	2	9	1
2	5	6	3	1	9	8	4	7
3	8	1	2	4	7	6	5	9
9	7	4	5	6	8	1	2	3
7	2	8	4	3	1	9	6	5
6	3	5	8	9	2	7	1	4
1	4	9	6	7	5	3	8	2

p.324

6	5	1	3	2	4	8	7	9
7	2	4	6	9	8	3	1	5
9	3	8	5	7	1	2	4	6
4	7	9	1	8	6	5	2	3
2	8	3	7	5	9	1	6	4
5	1	6	2	4	3	7	9	8
1	9	7	8	6	5	4	3	2
8	4	2	9	3	7	6	5	1
3	6	5	4	1	2	9	8	7

p.325

7	4	5	2	6	1	3	8	9
2	8	3	7	9	4	5	1	6
9	1	6	8	3	5	2	4	7
1	2	7	4	5	8	6	9	3
3	6	8	1	2	9	7	5	4
4	5	9	3	7	6	1	2	8
8	7	4	6	1	2	9	3	5
6	9	2	5	4	3	8	7	1
5	3	1	9	8	7	4	6	2

p.326

1	7	4	8	6	3	5	9	2
2	5	6	9	4	7	1	3	8
3	9	8	1	5	2	4	7	6
6	1	5	7	9	4	8	2	3
7	8	2	3	1	6	9	4	5
9	4	3	2	8	5	7	6	1
4	2	1	6	7	8	3	5	9
5	6	9	4	3	1	2	8	7
8	3	7	5	2	9	6	1	4

p.327

1	9	6	7	4	2	5	3	8
2	7	4	8	5	3	9	6	1
3	5	8	6	9	1	4	7	2
4	3	7	5	6	8	2	1	9
8	1	9	2	3	7	6	5	4
5	6	2	9	1	4	3	8	7
7	4	1	3	2	6	8	9	5
9	2	3	1	8	5	7	4	6
6	8	5	4	7	9	1	2	3

p.328

5	1	3	2	8	4	9	7	6
4	6	2	7	9	5	8	3	1
7	8	9	6	1	3	2	5	4
6	7	5	8	4	2	3	1	9
8	2	4	1	3	9	7	6	5
3	9	1	5	7	6	4	2	8
2	5	7	9	6	8	1	4	3
1	3	8	4	5	7	6	9	2
9	4	6	3	2	1	5	8	7

p.329

1	3	7	2	4	8	6	5	9
2	5	9	1	3	6	8	7	4
8	4	6	7	5	9	3	2	1
7	8	4	9	2	1	5	6	3
5	6	1	4	8	3	2	9	7
3	9	2	5	6	7	4	1	8
4	1	3	6	9	5	7	8	2
9	2	5	8	7	4	1	3	6
6	7	8	3	1	2	9	4	5

p.330

6	7	1	5	3	4	8	9	2
4	5	8	1	2	9	6	7	3
3	2	9	6	8	7	4	5	1
7	9	4	8	5	1	3	2	6
8	6	5	3	9	2	1	4	7
1	3	2	4	7	6	5	8	9
2	4	6	9	1	8	7	3	5
9	1	3	7	4	5	2	6	8
5	8	7	2	6	3	9	1	4

p.331

9	6	4	3	8	1	7	2	5
5	7	3	4	6	2	1	9	8
1	2	8	9	5	7	3	4	6
7	3	9	2	1	6	8	5	4
4	1	2	5	3	8	9	6	7
6	8	5	7	4	9	2	3	1
8	4	1	6	2	3	5	7	9
3	5	7	1	9	4	6	8	2
2	9	6	8	7	5	4	1	3

p.332

8	7	1	4	6	9	5	3	2
5	4	3	1	8	2	9	7	6
9	6	2	7	5	3	4	8	1
6	5	8	2	1	4	3	9	7
7	2	9	8	3	5	1	6	4
3	1	4	6	9	7	8	2	5
2	8	5	3	4	6	7	1	9
1	9	6	5	7	8	2	4	3
4	3	7	9	2	1	6	5	8

p.333

5	9	4	7	3	8	2	1	6
8	7	2	5	6	1	9	3	4
3	6	1	9	2	4	8	5	7
4	1	9	2	8	7	5	6	3
6	8	5	3	1	9	4	7	2
7	2	3	6	4	5	1	8	9
1	3	6	8	9	2	7	4	5
2	4	7	1	5	6	3	9	8
9	5	8	4	7	3	6	2	1

p.334

8	7	3	4	9	1	6	2	5
1	9	6	2	3	5	7	8	4
4	5	2	6	8	7	3	1	9
9	3	1	7	2	4	5	6	8
5	4	8	3	6	9	2	7	1
2	6	7	1	5	8	4	9	3
6	2	4	9	1	3	8	5	7
7	1	5	8	4	6	9	3	2
3	8	9	5	7	2	1	4	6

p.335

9	6	1	2	4	8	7	5	3
8	5	7	1	9	3	6	4	2
3	2	4	5	6	7	9	1	8
1	8	5	3	7	2	4	9	6
4	9	2	6	8	1	5	3	7
6	7	3	4	5	9	8	2	1
2	4	6	7	3	5	1	8	9
7	3	9	8	1	4	2	6	5
5	1	8	9	2	6	3	7	4

p.336

6	1	2	7	4	3	5	8	9
8	9	4	6	5	1	3	2	7
7	5	3	8	9	2	1	6	4
9	4	7	1	3	8	6	5	2
5	2	8	4	6	7	9	3	1
3	6	1	9	2	5	7	4	8
4	3	6	2	1	9	8	7	5
2	8	9	5	7	6	4	1	3
1	7	5	3	8	4	2	9	6

p.337

8	4	9	3	1	6	7	5	2
6	5	3	7	2	4	9	1	8
2	7	1	8	9	5	6	4	3
4	1	5	9	3	2	8	7	6
3	8	2	1	6	7	5	9	4
7	9	6	4	5	8	3	2	1
1	6	4	5	8	9	2	3	7
9	2	7	6	4	3	1	8	5
5	3	8	2	7	1	4	6	9

p.338

6	4	2	3	7	5	1	8	9
9	8	5	1	6	2	7	3	4
7	1	3	8	9	4	2	5	6
4	3	9	7	1	6	5	2	8
5	2	1	4	8	3	6	9	7
8	7	6	5	2	9	3	4	1
1	5	7	2	4	8	9	6	3
3	6	4	9	5	1	8	7	2
2	9	8	6	3	7	4	1	5

p.339

2	3	8	7	6	1	4	9	5
4	5	1	8	3	9	2	6	7
7	6	9	5	2	4	3	8	1
9	7	6	1	8	2	5	3	4
1	4	3	9	5	7	6	2	8
8	2	5	3	4	6	7	1	9
3	9	7	6	1	5	8	4	2
5	8	2	4	9	3	1	7	6
6	1	4	2	7	8	9	5	3

p.340

2	5	7	6	8	3	9	4	1
4	9	8	1	2	5	7	6	3
3	1	6	4	7	9	5	2	8
9	6	2	8	5	4	1	3	7
1	4	3	7	9	2	8	5	6
7	8	5	3	6	1	4	9	2
5	7	4	2	3	8	6	1	9
8	3	1	9	4	6	2	7	5
6	2	9	5	1	7	3	8	4

p.341

6	5	2	4	9	3	1	8	7
8	7	4	6	1	5	2	9	3
3	1	9	7	2	8	6	4	5
1	3	5	2	7	9	8	6	4
9	6	8	3	4	1	7	5	2
4	2	7	5	8	6	3	1	9
2	9	6	1	5	7	4	3	8
5	4	1	8	3	2	9	7	6
7	8	3	9	6	4	5	2	1

p.342

3	5	9	8	4	2	1	6	7
2	4	7	9	1	6	5	8	3
6	1	8	3	5	7	2	9	4
9	6	3	4	8	1	7	5	2
1	2	4	7	6	5	8	3	9
7	8	5	2	9	3	6	4	1
8	7	1	6	3	4	9	2	5
5	3	6	1	2	9	4	7	8
4	9	2	5	7	8	3	1	6

p.343

1	2	6	8	3	9	5	4	7
4	3	7	1	5	6	9	2	8
8	5	9	7	4	2	6	1	3
2	6	8	5	7	4	3	9	1
5	7	1	6	9	3	4	8	2
3	9	4	2	1	8	7	5	6
6	4	2	9	8	7	1	3	5
7	1	3	4	2	5	8	6	9
9	8	5	3	6	1	2	7	4

p.344

3	2	4	1	9	5	6	7	8
6	1	8	2	3	7	4	9	5
9	7	5	6	8	4	3	2	1
4	8	2	5	7	3	9	1	6
1	5	6	9	4	2	7	8	3
7	9	3	8	6	1	2	5	4
5	4	9	7	1	6	8	3	2
8	3	1	4	2	9	5	6	7
2	6	7	3	5	8	1	4	9

p.345

3	5	4	8	1	7	9	2	6
7	2	6	5	9	3	4	8	1
8	9	1	6	4	2	7	5	3
4	8	2	3	6	1	5	9	7
5	6	9	4	7	8	1	3	2
1	7	3	2	5	9	8	6	4
2	1	5	9	3	4	6	7	8
9	3	7	1	8	6	2	4	5
6	4	8	7	2	5	3	1	9

p.346

6	3	4	1	9	2	5	7	8
9	2	7	4	5	8	3	1	6
8	5	1	7	3	6	9	2	4
2	1	6	5	4	7	8	9	3
7	4	3	6	8	9	1	5	2
5	9	8	2	1	3	6	4	7
1	8	9	3	7	4	2	6	5
4	6	5	8	2	1	7	3	9
3	7	2	9	6	5	4	8	1

p.347

5	3	8	4	6	7	1	9	2
2	1	6	5	9	3	4	7	8
9	7	4	1	8	2	3	5	6
7	6	2	8	4	5	9	1	3
8	4	9	3	2	1	5	6	7
1	5	3	9	7	6	8	2	4
6	8	1	7	3	9	2	4	5
3	2	5	6	1	4	7	8	9
4	9	7	2	5	8	6	3	1

p.348

6	1	3	7	2	9	8	5	4
2	4	5	8	1	3	9	6	7
8	9	7	5	6	4	3	1	2
4	7	6	9	5	8	2	3	1
1	5	8	4	3	2	7	9	6
9	3	2	1	7	6	5	4	8
5	2	1	6	9	7	4	8	3
3	6	4	2	8	5	1	7	9
7	8	9	3	4	1	6	2	5

p.349

8	1	7	4	9	6	3	5	2
4	9	2	8	5	3	1	7	6
6	5	3	7	2	1	9	8	4
2	3	1	9	7	8	4	6	5
5	4	9	6	1	2	8	3	7
7	8	6	5	3	4	2	1	9
1	2	5	3	6	9	7	4	8
9	6	8	1	4	7	5	2	3
3	7	4	2	8	5	6	9	1

p.350

9	1	6	4	3	8	7	5	2
8	4	2	5	7	1	6	3	9
5	7	3	2	9	6	4	1	8
3	5	7	8	6	2	1	9	4
2	6	4	9	1	7	5	8	3
1	8	9	3	4	5	2	6	7
6	2	8	7	5	9	3	4	1
4	9	5	1	2	3	8	7	6
7	3	1	6	8	4	9	2	5

p.351

9	4	8	7	2	5	1	6	3
5	6	7	8	3	1	2	9	4
2	1	3	9	6	4	8	7	5
4	2	6	3	9	8	5	1	7
3	9	5	1	7	6	4	2	8
7	8	1	4	5	2	6	3	9
6	3	2	5	8	9	7	4	1
1	5	9	6	4	7	3	8	2
8	7	4	2	1	3	9	5	6

p.352

1	4	9	7	8	5	2	3	6
3	5	8	1	2	6	7	4	9
6	7	2	3	4	9	5	8	1
2	1	5	4	6	3	9	7	8
4	9	7	2	1	8	6	5	3
8	3	6	5	9	7	1	2	4
5	2	1	9	3	4	8	6	7
9	8	4	6	7	2	3	1	5
7	6	3	8	5	1	4	9	2

p.353

3	1	8	2	9	6	7	4	5
4	7	2	1	8	5	6	3	9
5	6	9	3	7	4	8	1	2
6	9	3	4	5	2	1	8	7
7	5	4	8	1	9	2	6	3
2	8	1	6	3	7	9	5	4
9	4	6	5	2	8	3	7	1
8	3	7	9	4	1	5	2	6
1	2	5	7	6	3	4	9	8

p.354

8	7	5	4	6	1	3	2	9
3	2	1	9	5	8	4	6	7
4	9	6	3	7	2	1	8	5
1	8	9	5	3	4	6	7	2
5	4	7	6	2	9	8	3	1
6	3	2	8	1	7	5	9	4
2	6	8	1	9	5	7	4	3
7	5	4	2	8	3	9	1	6
9	1	3	7	4	6	2	5	8

p.355

9	1	5	6	4	7	8	2	3
2	7	6	3	8	1	5	4	9
4	3	8	5	2	9	7	6	1
1	8	4	9	5	2	6	3	7
5	9	7	4	6	3	1	8	2
6	2	3	1	7	8	9	5	4
8	4	9	2	1	6	3	7	5
7	5	1	8	3	4	2	9	6
3	6	2	7	9	5	4	1	8

p.356

1	6	5	7	8	9	2	4	3
2	7	4	3	1	6	8	9	5
8	3	9	5	4	2	7	6	1
5	1	3	2	6	7	9	8	4
9	4	6	1	3	8	5	2	7
7	8	2	9	5	4	1	3	6
3	9	8	4	7	5	6	1	2
6	5	1	8	2	3	4	7	9
4	2	7	6	9	1	3	5	8

p.357

7	5	1	6	3	9	8	4	2
3	4	6	2	8	7	9	5	1
2	9	8	5	1	4	7	6	3
8	6	5	1	7	2	4	3	9
9	7	4	8	6	3	1	2	5
1	3	2	9	4	5	6	8	7
5	2	7	4	9	6	3	1	8
6	8	9	3	2	1	5	7	4
4	1	3	7	5	8	2	9	6

p.358

4	3	2	5	8	7	9	1	6
7	9	5	1	6	4	8	2	3
1	8	6	9	2	3	5	7	4
8	5	3	7	4	6	2	9	1
6	1	7	2	9	5	4	3	8
2	4	9	3	1	8	6	5	7
3	6	1	8	5	9	7	4	2
5	2	8	4	7	1	3	6	9
9	7	4	6	3	2	1	8	5

p.359

7	3	6	8	5	1	4	2	9
8	4	5	2	3	9	1	7	6
9	2	1	4	6	7	3	8	5
5	1	2	6	8	3	7	9	4
6	7	8	1	9	4	2	5	3
4	9	3	7	2	5	8	6	1
3	8	4	9	7	6	5	1	2
2	5	9	3	1	8	6	4	7
1	6	7	5	4	2	9	3	8

p.360

5	4	6	7	1	9	8	3	2
9	3	7	2	5	8	4	1	6
2	1	8	4	3	6	9	7	5
7	6	3	5	4	2	1	8	9
8	5	1	9	7	3	2	6	4
4	2	9	8	6	1	7	5	3
3	9	2	6	8	7	5	4	1
6	8	4	1	2	5	3	9	7
1	7	5	3	9	4	6	2	8

p.361

6	5	1	2	7	3	8	4	9
3	8	7	4	9	1	6	2	5
9	4	2	5	8	6	7	3	1
2	7	4	3	5	9	1	8	6
5	1	3	8	6	2	4	9	7
8	6	9	1	4	7	2	5	3
1	2	5	7	3	4	9	6	8
4	9	8	6	1	5	3	7	2
7	3	6	9	2	8	5	1	4

p.362

4	3	9	6	7	1	5	8	2
5	2	6	8	4	9	7	3	1
7	8	1	2	5	3	4	6	9
6	5	3	1	2	7	8	9	4
1	9	8	5	3	4	6	2	7
2	7	4	9	8	6	1	5	3
8	4	5	3	1	2	9	7	6
9	1	2	7	6	5	3	4	8
3	6	7	4	9	8	2	1	5

p.363

8	4	9	1	7	6	2	5	3
3	5	2	8	9	4	1	7	6
7	1	6	2	5	3	8	9	4
6	3	5	9	2	8	4	1	7
1	9	4	6	3	7	5	8	2
2	8	7	4	1	5	6	3	9
4	6	3	7	8	1	9	2	5
9	7	1	5	6	2	3	4	8
5	2	8	3	4	9	7	6	1

p.364

7	9	2	6	3	5	1	8	4
5	4	6	9	8	1	7	2	3
8	1	3	7	2	4	9	5	6
2	3	9	5	4	8	6	7	1
1	8	4	3	7	6	5	9	2
6	5	7	1	9	2	3	4	8
9	7	8	2	6	3	4	1	5
3	2	1	4	5	9	8	6	7
4	6	5	8	1	7	2	3	9

p.365

1	9	8	3	4	6	2	7	5
7	6	2	9	5	1	3	8	4
4	3	5	2	8	7	9	1	6
3	8	7	1	2	5	4	6	9
2	1	6	4	7	9	5	3	8
5	4	9	6	3	8	1	2	7
6	5	3	7	9	2	8	4	1
8	7	4	5	1	3	6	9	2
9	2	1	8	6	4	7	5	3

p.366

8	3	5	2	7	4	9	6	1
4	9	7	8	6	1	2	5	3
6	2	1	5	3	9	8	4	7
3	5	9	1	4	6	7	2	8
1	4	2	7	9	8	6	3	5
7	8	6	3	5	2	4	1	9
5	7	8	6	2	3	1	9	4
9	6	3	4	1	7	5	8	2
2	1	4	9	8	5	3	7	6

ANSWERS:
BATTERY

p.369

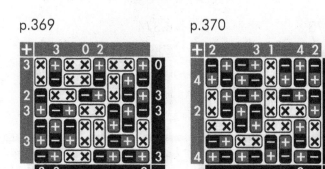

p.370

p.371

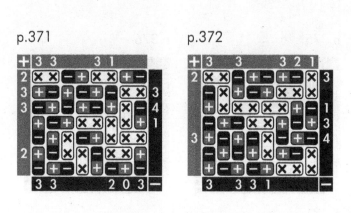

p.372

p.373

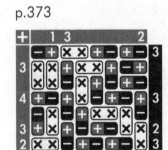

p.374

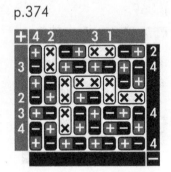

p.375

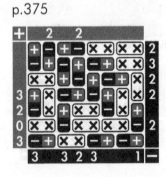

p.376

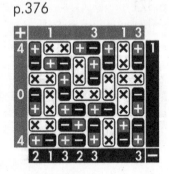

p.377

p.378

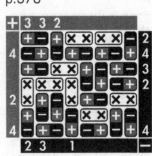

ANSWERS: WAYFINDER

p.381

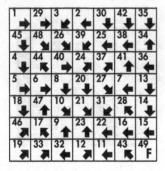

p.382

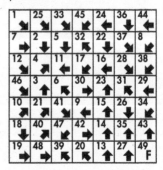

p.383

p.384

p.385

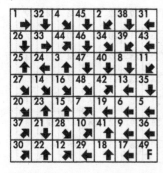

p.386

p.387

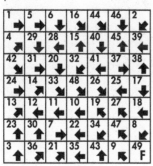

p.388

p.389

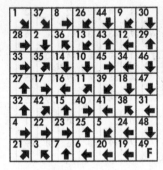

p.390

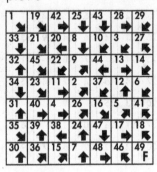